室内照明设计解析

内明计析

任绍辉　主编

ANALYSIS OF INTERIOR LIGHTING

辽宁科学技术出版社
·沈阳·

图书在版编目（CIP）数据

室内照明设计解析 / 任绍辉主编 . — 沈阳：辽宁科学技术出版社，2023.2
ISBN 978-7-5591-1481-5

Ⅰ．①室… Ⅱ．①任… Ⅲ．①室内照明—照明设计—案例 Ⅳ．① TU113.6

中国版本图书馆 CIP 数据核字（2020）第 016532 号

出版发行：辽宁科学技术出版社
　　　　　（地址：沈阳市和平区十一纬路 25 号　邮编：110003）
印　刷　者：辽宁新华印务有限公司
经　销　者：各地新华书店
幅面尺寸：215mm×285mm
印　　　张：21.75
插　　　页：4
字　　　数：435 千字
出版时间：2023 年 2 月第 1 版
印刷时间：2023 年 2 月第 1 次印刷
责任编辑：于　芳
封面设计：关木子
版式设计：关木子
责任校对：韩欣桐

书　　　号：ISBN 978-7-5591-1481-5
定　　　价：298.00 元

联系电话：024-23280070
邮购热线：024-23284502
http：//www.lnkj.com.cn

序　言
PREFACE

任绍辉

世界中的一切美好皆因遇见了光，我借此希望人们遇见光，理解光，享受光。光照亮他人，更重要的是温暖完善本我。

光是表现设计语言"发声"的基本原音，灯光作为室内空间设计表达的语汇，以社会价值为导向并以思想文化为理念，受美学态度与科学技术支配，以人的视觉思考为灵感原点，尝试克服视角的局限，从实践中寻得光的必然，完善其室内空间设计的本意。

室内灯光设计是室内设计的重要部分之一，人类对于光的运用不断演化成熟，从最初依赖于自然光到原始的火光，再到之后爱迪生发明了电灯，显现出对人类而言，光与空气是同等重要的生命元素。在日常生活中，灯光不仅起到照明作用，而且还是营造室内氛围、体现整体室内艺术的表现方式。不同的灯光结合周围的环境，可以展示出不同的效果，所呈现的室内环境氛围也会不同。

本书主要以室内设计中的照明设计为研究对象，对室内环境照明的艺术设计思路进行了探讨。向室内设计师和灯光设计师展现国内外优秀的照明设计思路与新趋势，解析优秀的照明设计案例，让室内设计师了解更多的照明设计知识并开展设计，让灯光设计师更能结合室内设计的情况设计出更多切合实际情况的作品。相信对当下与未来设计具有一定的借鉴意义，相信一定能够对广大设计师和设计专业的在校学生有所帮助。

任绍辉 Ren Shaohui ｜ 毕业于鲁迅美术学院环境艺术设计系，现工作于沈阳航空航天大学，任设计艺术学院副教授、硕士生导师，任环境设计系主任；中国建筑装饰协会会员；中国建筑装饰与照明设计师联盟常务理事；中国建筑装饰协会建筑电气委员会理事。

目 录 Contents

— 序 言

— 采访篇

— 解析篇

采访篇
INTERVIEW ARTICLES

杨晓明
Yang Xiaoming, Allen

启迪时光照明设计（北京）有限公司　主持设计师（创始人）
对设计而言，无论功能还是艺术听起来都太过严肃，老生常谈。
人们总是在匮乏与无聊之间徘徊，因此我们打算用光为生活制造惊喜，启发每颗有趣的心灵。

1. 近两年较之前，您觉得国内照明设计行业有哪些明显的变化？疫情背景下，照明行业的改变有哪些？

到目前为止，我还是一个在一线冲锋陷阵的设计师，从我的角度对整个行业进行评价是会有些偏颇的。所以，我只谈谈自己及身边的同事在工作中的感受。

跟两年前比，周围的同行们在做的工作越来越专业化。比如做酒店灯光设计的设计师会一直做酒店灯光设计项目，做售楼处灯光设计的设计师也是一直做售楼处的设计项目，整个行业内部被分得很细，而且越来越细，这是我感受比较明显的趋势，也是一个积极的方面。另一方面消极的是，我觉得行业内人员的观念变化不大，比如还是会"迷信"，还是觉得"暗"的东西是好的，单色的光是好的。我认为这种观念不是很对，因为一个设计门类应该更包容，有能力的照明设计师可以用"亮"的效果将项目做得很漂亮，即使用彩色的光也可以将效果控制得很有节奏，这是我希望的一个趋势。

疫情的发生，从我个人来讲，对我的工作没什么太大的冲击。今年最大的感受，是项目的密度变大了，其实是一个好的方面。设计师接触到售楼处，有个性的展馆、展厅项目的机会变多了；常接触传统的项目如酒店反倒变少了，而且设计费用偏低，项目周期很长，所以项目吸引力不大。

2. 室内灯光、照明设计行业在技术上有哪些新的进步？

与之前相比，我觉得室内灯光设计行业在技术上的进步，是选用的灯具及其运用方式更符合 LED 的特性。之前国内的照明设计师是用 LED 来模仿传统灯的，目前渐渐地会根据 LED 光源本身特点来设计和使用灯，比如小型挂灯和长条形灯，都是利用 LED 光源来做光源设备。另外，在控制技术方面，更多的无线技术被普及，一些大型项目可以用手机和蓝牙来控制，我觉得这是一个技术方面的进步。

3. 面对这些进步或者应用创新，对于新入行的照明设计师来说，应该如何学习和把握？如果您的公司招纳新人，会选择什么样的人才？

对于新入行的设计师来说，我觉得应该学习的重点不是照明的本身，而是去研究照明的对象。比如做室内的照明设计，你要去了解人们生活与室内设计的相互关系；做景观的灯光设计，如果连树的种类都不了解或者分不清楚，是很难做出好的灯光设计的；做建筑的灯光设计，要去更多地了解建筑基础知识和精髓。作为灯光设计师，对其他专业的理解是关键，实际上，我们的工作会决定这些设计实体什么时候能被看见，能被看见的份额是多少，因为每当到了夜晚，只有有光的地方才会被看见，如果我们认为某处设计是不对或者比较丑的话，是会被灯光隐藏掉。所以实际上真正地理解建筑、室内、景观才是新进入这个行业的人应该去做的，也是需要去学习的重点和难点。如果我们有招聘需求的话，首先，会希望招聘美术基础好的新人；其次，希望人本身是积极乐观的。因为目前接触过从各院校来的学生，基本还不能达到进入公司就直接进入正式工作的状态，哪怕能有一些基本的常识也做不到。基本上来的新人我们都是从头开始培训，因为美术基础是要经过长时间训练的。积极乐观的心态和人本身的性格有关系，这个是培养不来的。如果满足上述两条要求，我们还是可以聘用的。

4. 您在近年工作中，在照明技术方面或者设计思维上有哪些突破或进展？您是如何平衡设计理念与设计需求的？

这几年在工作中，自己最明显的突破应该是用户思维会更强烈一些。因为我们灯光设计行业还是属于服务业的，直接导致我们的工作重心是去表达业主的愿望，我认为我们可以给他创造惊喜，但是没有必要产生冲突。所以我的设计思维会更多元化，比如说业主要求我们展现亮的、更炫的，要运用颜色，即使灯光本身也是会很漂亮的，我们就会去研究这个设计机理，而不是去和业主争论。无论是商业场所还是居住环境，作为空间的使用者，业主对这个项目的理解会比我们高一个维度或两个维度，所以去跟业主对抗，去说服他，我觉得没有太大必要。我们很多同行喜欢暗的环境，然而当业主就是想要亮的环境时该怎么办呢？我们应该去积极研究如何在将设计做亮的同时保证效果也会是美的。

再比如业主只喜欢多彩的颜色，喜欢炫的灯光效果，我们应该如何处理。很多同行只喜欢用白光来做设计，难道只有白色或单色是对的吗？多彩是错的吗？我觉得色彩本身并没有错，只是说明我们的设计师对色彩的理解和掌控能力是有限的，多加一个色彩加了亮度相当于增加了难度，让我们的设计面对更多的挑战。我们应该迎难而上，这种思维正是我这几年的突破。这几年我做了一些违反我潜意识观念的作品，不但给业主一些惊喜，也给了我自己一些惊喜。

5. 请分享一个您近两年在工作中的心得，启发我们的年轻设计师去更好地融入这个行业。

从给业主讲解方案这个角度，我获得了一些心得，觉得也可以给新的设计师一些启发。我觉得我们讲方案一方面不能是熟知熟见的东西，大家都知道的东西不能讲；另一方面讲述内容不能太不着边际，例如一些所谓的天外飞仙的想法，因为这样业主会没法产生共鸣，讲述的内容应该在一般人的知识体系之上，有一些新的观点和突破，就可以影响到业主，所以关键是应该掌握好分寸。

6. 室内设计项目、城市规划项目、文旅项目都是目前行业内比较热的板块，请您预测一下未来行业内哪些新板块会迅速发展。

目前还预测不了，因为我实际做的内容只是整个行业内的一部分，其他的预测不了。

灯光设计行业分得比较"碎"，我只了解我所接触到的东西。

7. 国家倡导设计差异化，避免同质化、趋同化，立足中国文化讲中国故事，您是如何理解的？

首先，差异化是一定的，因为没有差异，设计本身就不存在了，没有意义了。我们每个人身边都有自己的小问题，我们只要把我们自己的问题合理地解决，实际就是可以做出差异化的。这个并不难，只是我们每次做设计时考虑得太宏大，这个本身有问题。

其次，有关中国化的设计，我们一提中国文化就联想到中国古代的东西，我觉得中国文化其实是我们生活中能够用到和接触到的东西，但目前设计中的中国故事基本是用中国古代文化来体现的。其实我觉得如果只是这样片面地做没有太大必要，除非业主的需求是要体现中国的古代文化。对于设计师来说，我们的设计应该更多元化，不能说中国人设计出来的都是有中国古文化气质的，这个就太单调了。

8. 请介绍一个近两年您自己比较满意的室内照明项目。

最近两年做的"好玩"的项目比较多，而且每个案例的侧重点不一样，我就说一个最近的项目：字节跳动的北京办公室。它的主要设计思维就是解决实际问题，没有什么特别虚的东西。因为字节跳动办公室是由一个商城改造的，投入很大，里面要驻扎5000多人，在这种情况下它就会遇到传统写字楼一般遇不到的问题。

首先，商场通常只有三四层的高度，如果要坐5000多人的话，意味着每一层要坐1000多人，我们可以想象在一个大的开敞办公室里同时看到1000多个同事，这个阵势是一般办公室没有的，所以最需要解决的是人员密集的问题。其次，整个设计

方案是偏素色的，是白色的，要解决的问题是如何用照明使整个空间看起来丰富一点。色彩单调造成气氛太统一，那难道要加颜色吗？实际上并不是这样的。整个方案里面采用了自然光，我们知道自然光是偏冷的，接近 7000K，再加上室内正常照明的 4000K，还有中庭透过来的光，以及休闲区域偏暖的光，这些部分综合在一起形成了很低纯度的、很有意思的空间。也就是将很完整的、严肃的、庞大的单独空间，用很低纯度的彩色光给分开了，然而这些彩色光是人们意识不到的，并不是主动去做的，我们只是用了一些人工光、自然环境的光、天井透过来的光，看上去比之前要有意思得多。

再次，是控制方式上要解决的问题，因为字节跳动是一家科技公司，这类公司给人的感觉是冷的，很有未来感，我们用的材质一般是玻璃、金属板，给人的感觉没有那么温暖。所以我们把照明的效果做成类似于《超能陆战队》里的大白，虽然是高

科技的，但是它给人的感觉是柔软的，能够照应到每个人。我们为同一层里面1000
多人，每两个人头顶上安装一盏灯，照应两张桌子，所以一层有500多盏灯。每盏
灯都可以单灯单控，根据每个人的喜好，可以在不同的时段自主设置提供不同的光线。
另外，灯可以以0.1%的刻度去调光，它可以是100%，也可以是0.1%，非常稳定。
而且，灯有强大的防眩光能力，所有灯具没有任何眩光，以往在这种办公大楼设计
里没有这么认真地去做防眩光。灯的密集度及数量太大，如果灯是有眩光的，那么
这个空间是非常可怕的。彻底解决眩光问题，让空间形成自发光，像是一个会发光
的盒子，从户外看也是非常漂亮的。这样在解决了室内光的问题的同时也照顾到了
室外，如果从北京的北三环经过，就会发现这个建筑是和其他建筑不一样的，这就
是灯光造就的。

我最后想说的是，灯光设计本身的突破来自解决现实的问题，而不是按照某种规则

和套路去套，而应是把面前的问题用灯光的方式去解决。因为灯光本身是视觉唯一的媒介，那么灯光就是视觉的中心，控制了灯光就是控制了视觉。我们认为视觉有多重要，灯光就有多重要，视觉能解决多大问题，灯光就能解决多大问题。这是核心。

与一般的办公大堂的照明设计迥然不同，本项目的照明设计试图用锐利的层次对比、充满活力的材料反射给人们留下深刻印象。大堂是企业形象输出的门户，因此充满青春势能的视觉冲击是我们要完成的一个任务。

日光、天光、灯光三者在空间内外来回穿梭，让素雅而庞大的办公空间出现一层薄雾般的低纯度色彩。丰富视觉的同时也有指引方向的作用，或许片刻的闲暇就在那一抹温暖里……

我们希望代表未来的智慧是柔软的，能够主动去呵护每位同事的心情，就像电影《超能陆战队》里的大白。整个办公区照明系统像一个庞大的有机生物，每个细胞都可以单独控制，在传感器的控制下主动响应同事们的个性化需求。

为了确保顺利通过 LEED 绿色建筑认证，将照明节能做到了极致，每位同事每小时只需要耗电 0.006 度（1 度 =1kW·h）就能让自己位置的照度达到 600 lx 以上（150 lx 就可以正常阅读）。即使按照每天工作 10h 计算，1 度电也足够一位同事使用至少三周！

周红亮
Zhou Hongliang

北京周红亮照明设计有限公司　主持设计师

1. 近两年较之前，您觉得国内照明设计行业有哪些明显的变化？疫情背景下，照明行业的改变有哪些？

这两年经济整体较好，故照明项目多，尤其是文旅照明，非常火爆，单体建筑及室内照明也遍地开花，呈现良好发展势头，其中不乏让人眼前一亮的佳作。疫情对照明行业是个考验，缺乏积累和内功的照明企业会掉队；反之会激流勇进，进入更高的发展阶段。

2. 室内灯光、照明设计行业在技术上有哪些新的进步？

技术的进步有两个推动力：一是人类生活方式发生新的改变，照明设计需要新的理念和手段与之相应，从实践中会不自觉地发展出新技术；二是光源、材料的技术革新，反向推动照明设计的进步。

照明设计行业在技术上近两年没感觉到质变的新进步。

3. 面对这些进步或者应用创新，对于新入行的照明设计师来说，应该如何学习和把握？如果您的公司招纳新人，会选择什么样的人才？

技术方面，有两样东西对于新人是很重要的：首先，大量地测量、观察、记录，逐步培养出用光的视角去审视世界的习惯，即培养对光的感觉、敏感度；其次，培养用文字描述、转译光的能力。总体来说，让敏锐的感觉和理性的、精确的文字能够相互转译。

我们公司招纳新人，有两个考量：人品第一，作品第二。

4. 您在近年工作中，在照明技术方面或者设计思维上有哪些突破或进展？您是如何平衡设计理念与设计需求的？

对好的照明有了正确的认知，这一点极为重要，因为只有知道什么是好的，才有可能做出好的照明。照明设计的优劣分为三等。

上乘的照明设计"以人为本"，即以人的感受、用和看作为出发点考虑照明，这样做出来的光环境与人的行为和内心相应，能给人带来快乐、安详与和谐。

中等的照明设计"以物为本"，即从空间载体出发考虑照明，这样做出来的光环境可能很美，但有可能和人的内在状态及视觉感受冲突，所以有失败的可能性。

较差的照明设计"以光为本"，即从光的效果、手法出发考虑照明，光的结果先于人和空间的需求出现，本末倒置，这样很难成功。

设计理念是从客户的需求中发展出来的，是前后因果关系。要避免过于"尊重"客户需求，被带偏；也要避免过于主观自我，偏离客户需求。换句话说，在设计过程中，要忘记"我的"欲望，让自己内心空掉，客观、细致地看待业主的表达，把握其内在"真意"，才有可能研发出高质量的设计理念。

5. 请分享一个您近两年在工作中的心得，启发我们的年轻设计师去更好地融入这个行业。

《文心雕龙·物色》中有句话——情往似赠，兴来如答。意为艺术家面对大自然进行创作时，投入炽热的情感就像是赠给它的礼物，而从中获得的兴致愉悦就像是大自然对自己的答谢。赠予年轻的设计师，共勉！

6. 室内设计项目、城市规划项目、文旅项目都是目前行业内比较热的板块，请您预测一下未来行业内哪些新板块会迅速发展。

2021 年中央一号文件提出全面推进乡村振兴，新农村及文旅照明在今后几年或许会迅速发展。

7. 国家倡导设计差异化，避免同质化、趋同化，立足中国文化讲中国故事，您是如何理解的？

同质化、趋同化是前些年在城市发展中急功近利的外部表现！不同地域（天然光）的光环境是有差异的，因为气候、风土、建筑材料及风格、人文风情、人的气质性

情等都不一样。比如多雾、地形高差大、魔幻的重庆和日照强烈、粗犷的丽江就完全不同，建筑的设计、光的设计怎么可能同质化呢？把握场所的内在精神和特征气质，从中挖掘、生长出属于它的独一无二的东西，是好设计的发端。

8. 请介绍一个近两年您自己比较满意的室内照明项目。

"U+济南展厅"是U+家具总部品牌中心。展厅面积约629.7m²，和之前老展厅相通，分为上下两层，一层是接待区、办公区及一个特色茶棚展区。通过唯一的步梯上至二层，二层是多个展厅连通的大展厅，并设置一个展台加舞台，另有一个多功能室，可以开各种会议，举办茶会。设计师把中国传统建筑的窗格、柱子、梁架等元素重新设计，以非常简洁的形式呈现，在非常现代的空间感觉中透出传统建筑元素的影子。

空间以白色、米色、浅咖色及多种层次的灰色混搭，和木色、皮质的家具高度协调、融合。空间的软装（茶具、插花、陶罐及世界各地的各色艺术品）样式精美、尺度得当，为空间增添浓郁的生活气息，有别于一般家具展厅的商业味。

此案照明设计有别于大多数想以亮取胜的设计，而是用常规的照明方式做出戏剧化的照明情景，以富有情感的幽明之光打动人。

以特色茶棚展区为例：用色温、亮度变化划分空间的前后（水汀步、茶棚及背景）三个层次，前暗暖、后亮白。前景用光把动态滴水波纹反射到墙面，加上植物光影，营造出自然幽静之意。中景茶棚细致补光，让富有层次的光影像是一个月球灯照的。后景用漫射加直射的组合方式，营造出高仿真的自然光效果。在此意境下，茶棚让人感觉已经不是商品了，而是一件动人的艺术品。

另外，在设计时采用以下措施达到节能的效果。

(1) 引入自然光到室内，靠窗区域灯光可以部分关闭。

(2) 利用对比度创造明亮感，可以整体降低照度水平，从而减少光的数量和能耗。

(3) 依据使用情况合理划分回路，设定照明场景，分日常和会客，优化电能使用。

(4) 采用"大马拉小车"的策略。安装功率高于实际使用约 20%，全亮场景设定为 90% 光输出。

(5) 合理设置照明场景。照明场景（全亮场景、白天场景、阴天场景、晚上场景、表演场景）都是各个回路组合状态，用电占安装功率的 40% ～ 80%。全亮场景占安装功率的 90%，仅在特别隆重的场景偶尔使用。

李胜辉
Li Shenghui

国家注册高级照明设计师
广州市元色照明设计有限公司　设计总监 / 合伙人
中国建筑装饰协会电气分会　副会长
亚洲照明设计师协会（AALD）　高级会员
广东职业技术学院艺术设计学院　客座副教授

1. 近两年较之前，您觉得国内照明设计行业有哪些明显的变化？疫情背景下，照明行业的改变有哪些？

在疫情背景下，总体项目是有收缩的，项目数量下来了，各企业开始思考新的发展模式。正因为疫情的关系，大家开始更注重自身的品牌与品质，从原来追求的"量"与"亮"，变成"精"与"简"，这是对照明行业发展有促进作用的。

2. 室内灯光、照明设计行业在技术上有哪些新的进步？

这是一个全面的问题，不能从单独一个角度来讲。照明行业在不断进步，所以设计师的追求也在不断进步，他们在大环境的熏陶下，追求精致和多样化的设计，正因此，促使生产厂家对他们的产品不断改进，技术上达到新的高度，比如智能控制，对灯具的控制、眩光的要求以及散热的措施等。室内照明设计有了新的照明设计应用标准，大家更注重灯光所营造的氛围，而不是单纯地只追求照度。这些我觉得都是照明行业在技术上的一种进步。

3. 面对这些进步或者应用创新，对于新入行的照明设计师来说，应该如何学习和把握？如果您的公司招纳新人，会选择什么样的人才？

对于从事照明设计的新人来讲，建议应该多方面地去接触，多学会观察，让"光"成为自己脑海中比较敏感的元素，常常抱着思考、学习的态度，多了解各种灯具的特性，再将自己所理解的光，运用到设计的工作中。我公司选择新人最看中的是品性与上进的心态，首先是品性要好，求知欲要强，其次再看能力与操作。

4. 您在近年工作中，在照明技术方面或者设计思维上有哪些突破或进展？您是如何平衡设计理念与设计需求的？

以前我们在设计中更多考虑灯光照亮载体所形成的视觉上的内容。后来发现，我们所考虑的只是事物的表象，我们更应该考虑设计的本质，我们为何而设计？只是为了表达灯光的图案吗？其实我们应强调灯光给人带来的是心理层面的感受，不仅仅是视觉上的满足，这是我们现在一直在追求的。另外，在灯的技术方面，我们在更多地跟建筑、室内设计配合，把灯具和材料融为一体，让大家觉得是材料本身在发光，而找不到灯具的位置，这也是我们觉得未来要去继续探讨的。

5. 请分享一个您近两年在工作中的心得，启发我们的年轻设计师去更好地融入这个行业。

对于新的设计师来讲，每一个行业都是一样的，我建议做任何事情，都要用心去做，只要踏踏实实虚心求教，相信很快就会融入行业之中。

6. 室内设计项目、城市规划项目、文旅项目都是目前行业内比较热的板块，请您预测一下未来行业内哪些新板块会迅速发展。

根据目前的形势，我觉得文旅项目和室内设计项目都是未来会发展比较迅速的项目。

7. 国家倡导设计差异化，避免同质化、趋同化，立足中国文化讲中国故事，您是如何理解的？

这个问题有点大，跟我前面所讲的有关系。现在所设计的东西很多都是仅仅在于视觉上的满足，很多城市都是，追求灯光形成的图案，比如植物，或者动物的图案，又或者是其他主题的图案，当大多数城市都开始这样做的时候，看起来就会变得同质化了，没有太大的差异。所以我们认为应该结合城市的自身文化和建筑的形态进行灯光设计，不同的城市，都有不同的文化、不同的建筑和景观，能够把城市重点的建筑或景观表现出来，其实就已经避免同质化了。

8. 请介绍一个近两年您自己比较满意的室内照明项目。

回到我们前面讲的问题，好的设计不仅是视觉上的满足，而且是在心理、在感受层面上的满足，在我们看到灯光项目过后，闭上眼睛，心里有没有那一丝触动。我介绍的项目位于广州，是一家集家庭娱乐、儿童教育、动漫影视、IP 零售、亲子餐饮及社交于一体的家庭文化娱乐平台，旨在为每个家庭和孩子提供快乐成长的综合性平台，内设"乐漫冰雪王国""神秘亚马孙""城堡探险""时空广场"4 个主题园区。灯光设计与空间设计结合，表达主题的氛围、效果以"神秘""探索""期待""引导"为方向，不同主题用灯光营造出不同的心理感受。

照度分析图

1. 冰雪世界 200~300lx
2. 森林小道 30~200lx
3. 攀岩区 50~300lx
4. 斗兽场 150~300lx
5. 迷宫 5~30lx
6. 成语接龙 100~300lx

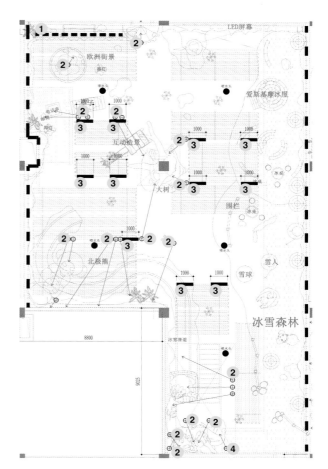

冰雪世界灯具布置图

1. L4，5W，3000K，光束角 10°
2. L3，3W，3000K，光束角 10°
3. L2，3W，3000K，光束角 15°
4. L5，5W，2700K，光束角 5°

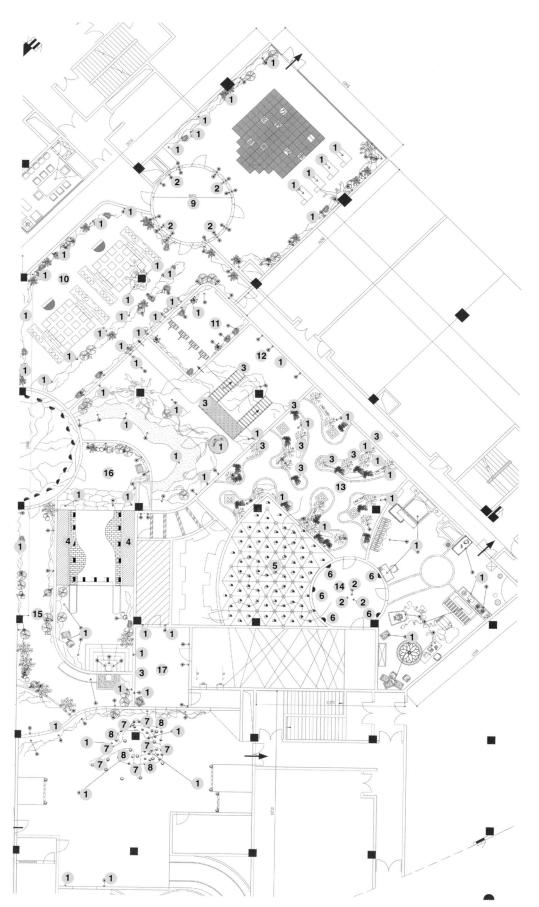

灯具布置图

1. L5，5W，2700K，光束角 5°
2. L5a，5W，3000K，光束角 15°
3. L12，3W，3000K，光束角 10°
4. L9，9W，红色，光束角 30°
5. L8，3W，3000K，光束角 10°
6. L10b，6W，3000K，光束角 15°
7. L6，0.3W，5000K，光束角 360°
8. L7，9W，4000K，光束角 30°
9. 十二生肖
10. 斗兽场
11. 丛林打猎
12. 绝壁攀爬
13. 探险区
14. 中心地带
15. 森林小道
16. 玛雅金字塔
17. 等候区

顾冰
Gu Bing

盖乐照明　设计总监
北京大兴国际机场　照明设计顾问

1. 近两年较之前，您觉得国内照明设计行业有哪些明显的变化？疫情背景下，照明行业的改变有哪些？

照明设计行业一直在向前发展，专业细分程度越来越高，每个领域都有不少设计师、研究人员、灯具厂商在不停地探索和进步，逐渐成为各自领域的专家。各种团体、组织、平台、媒体越来越活跃，奖项、活动和会议百花齐放，整个行业快速进入了一个多元化发展的阶段。

另外，在照明设计行业，除了人工照明，对自然光的应用和设计，也就是采光和遮阳，逐渐得到建筑师的关注，他们和照明设计师一起合作，在这方面有了不少新的进展。前几年，政府主导的大型活动和文旅产业突飞猛进，夜景照明也随之飞速发展，近两年达到一个高潮，城市夜景照明已经基本成了 LED 动态大屏和媒体幕墙主导的市场。

情况正在发生变化，一些喧闹、趋时、媚俗的灯光秀开始让人审美疲劳。同时，疫情的发展也让城市夜生活有所降温。在这个背景下，室内照明得到的关注和重视也开始多了起来。

2. 室内灯光、照明设计行业在技术上有哪些新的进步？

行业的进步，离不开这个行业采用的技术和工具的进步，在照明行业，体现在光源、灯具、电源、控制系统，以及设计和生产工具的进步。

经过近十年的高速发展，LED 的应用已经完全普及，LED 光源和透镜的制造及应用已经成为通用技术。在此基础上，LED 光源和灯具效率进一步提高，对 LED 灯具的色温、显色、调光方面的控制更精确，LED 灯具和光源的标准化、灯具的无线控制、大功率、LED 的调光驱动方面有一些新的进展。

在灯具应用方面，磁吸灯、透明屏、可变焦透镜、变色温灯具、窗台灯，都是在 LED 灯具广泛应用之后，开始逐渐得到发展的新型灯具。

在照明设计方面，LED 灯具新的应用方式带来新的照明设计理念，依托灯具形式和效率的进步，线性照明、反射照明的应用越来越广泛。

照明控制的 DMX512 和 DALI 协议是已有的技术标准，夜景照明已经在大量采用 DMX512（DMX 的升级）协议和扩展协议 RDM，Artnet 协议也正在逐步推广。在室内照明领域中，DALI 调光控制及其控制系统的应用正在迅速普及。虽然这些技术并不是很新的技术，但在照明行业的应用却是近期才加速发展的。

虽然照明设计是一个年轻的专业，但工作方式却又像建筑设计一样传统，软件工具、工作手段与其他行业相比相对落后。随着行业的渗透、计算机技能的普及、编程语言的易用，IT、互联网技术也慢慢应用到照明设计行业中，大大提高了工作效率和设计水准。如利用程序自动生成灯具技术规格书、CAD 软件的二次开发、编程辅助参数化的设计等。

3. 面对这些进步或者应用创新，对于新入行的照明设计师来说，应该如何学习和把握？如果您的公司招纳新人，会选择什么样的人才？

新人总是会掌握新的工具和新的技术，而工具和技术一直在进步，如果不紧紧跟上就会落后。应对这个问题，我们应该抓住两个方面。一方面，要深刻理解本专业的基本知识和技能，基本的原理、方法是不会变的，如果有新的，也只是在原有体系上扩充，如果基础不扎实，新技术也很难理解；另一方面，对于新的技术，要在广度和深度上有所取舍，在尽可能多了解多涉猎的同时，集中精力发展自己有优势有兴趣的方面，在某方面成为同行中的佼佼者。

跳出照明设计这个小领域，几乎所有的行业都正在受到信息技术高速发展的冲击，移动互联网、大数据、人工智能等技术带来的变化，是所有行业传统从业人员都需要面临的挑战。我建议从事设计、工程或技术工作的人，最好有必要的英语能力、网络能力和编程能力，这是提高自己的专业技能的工具。否则，其他掌握这些能力的同行，会在短时间内把你远远抛在后面。比如，有必要的时候，他们能迅速准确地搜索到相关项目和技术的具体资料，他们能编个"爬虫"快速地搜集分类整理数量庞大的图片和信息并得到统计数据，他们能利用电脑自动对一个项目进行上万个不同参数的测试，并得到几个最优方案以供选择。

我心目中理想的新人，应该有比较强的自学能力，有扎实的学科基础，有广泛的兴趣和好奇心，还应该有对这个专业的热情。我还有一定的倾向，更喜欢有美学素养，并有理性和逻辑思维能力的人。

4. 您在近年工作中，在照明技术方面或者设计思维上有哪些突破或进展？您是如何平衡设计理念与设计需求的？

我们对建筑的采光和遮阳有了一些技术和实践上的突破和进展，并且应用在北京大兴国际机场的天窗，还得到了一项发明、几项实用新型的专利，对照明控制也有了更深的理解。因为我们设计的主要目标，就是为了满足设计需求。有时，建设单位、使用者和建筑师提出的要求看似不合理，甚至显得荒谬，但是，在这些看似无理要求的背后，是有其出现的原因的。不论是正面应对实现它们——我们的能力得到突破，技术得到积累；还是发掘它们背后的深层原因，解决问题，让这些要求随之消失——我们的工作因此也更有价值。

5. 请分享一个您近两年在工作中的心得，启发我们的年轻设计师去更好地融入这个行业。

是什么能让我们在日复一日的工作里保持不灭的热情，是什么能让我们在陌生未知的领域中探索且前行，是什么能让我们在平淡无奇的日常中发现乐趣和获取知识，我觉得是好奇心和求知欲。它能让一个人在自己的事业上走得更广阔更深远。希望每一位设计师，都能保持自己的好奇心和求知欲。

6. 室内设计项目、城市规划项目、文旅项目都是目前行业内比较热的板块，请您预测一下未来行业内哪些新板块会迅速发展。

室内照明的无线控制，智能调光系统的更广泛应用，照明设计和灯具设计在消费领域的拓展。

7. 国家倡导设计差异化，避免同质化、趋同化，立足中国文化讲中国故事，您是如何理解的？

设计的同质化、趋同化本不应该成为一个问题。即使是同一个项目，不同的设计师都很难做出一模一样的方案；对不同的项目，各有不同的背景、需求、限制，再加上不同设计师的理念和方法有所差别，得到的结果更是千差万别的。

只要我们真正地认真对待每个项目，做足够的调研和足够的思考，设计的差异化就是自然而然的结果。

8. 请介绍一个近年您自己比较满意的室内照明项目。

比较满意的项目是北京大兴国际机场的照明设计。

机场这类大空间对照明有着复杂的需求，因为在这样大的空间里，要同时满足不同使用者的不同活动需求，包括旅客、航司、商铺、摄像头等的不同需求。这些需求包括视觉任务的完成度、视觉的舒适度、使用者心理和情绪的需求，节能性、灯具的安装和维护方面的需求等。

我们照明设计师在做这类高大空间的设计时，经常会遇到一些困扰，例如地面功能分布多样，但空间造型完整统一；照明方式和照明设备不同，造价和能耗有很大差别；大空间的高度导致维护成为一个巨大的问题。在设计北京大兴国际机场的照明

时，我们也遇到了一些问题。第一，如果按照常规照明做法，将会需要极多的灯具，会达到以十万计数；第二，机场建筑的曲面吊顶造型，会造成布设灯具马道难度大；第三，如此巨大的空间对清晰的空间感、方位感、引导性提出了更高要求；第四，巨大空间拥有更大的视野，这样会让人看到更多更密的灯具；第五，反射照明的灯位布置难度加大。

结合以上问题思考后，我们在照明方式上采用了更结合实际的、各种方式相综合的运用手法，每种照明方式都有新的突破和创新，能充分发挥各种新技术和新材料的优势。最后的成果是整体照明浑然一体，宛自天开。

在本项目中，照明设计思路逻辑清晰、简洁明了，以空间功能作为设计准则，不追求整个空间照度的均匀性，且不追求微妙精致的细节装饰，装饰照明与功能照明相结合。设计注重充分发挥照明的辅助效应，且更好地利用 LED 的可调光性。在照明方式上，注重与建筑材料相匹配。

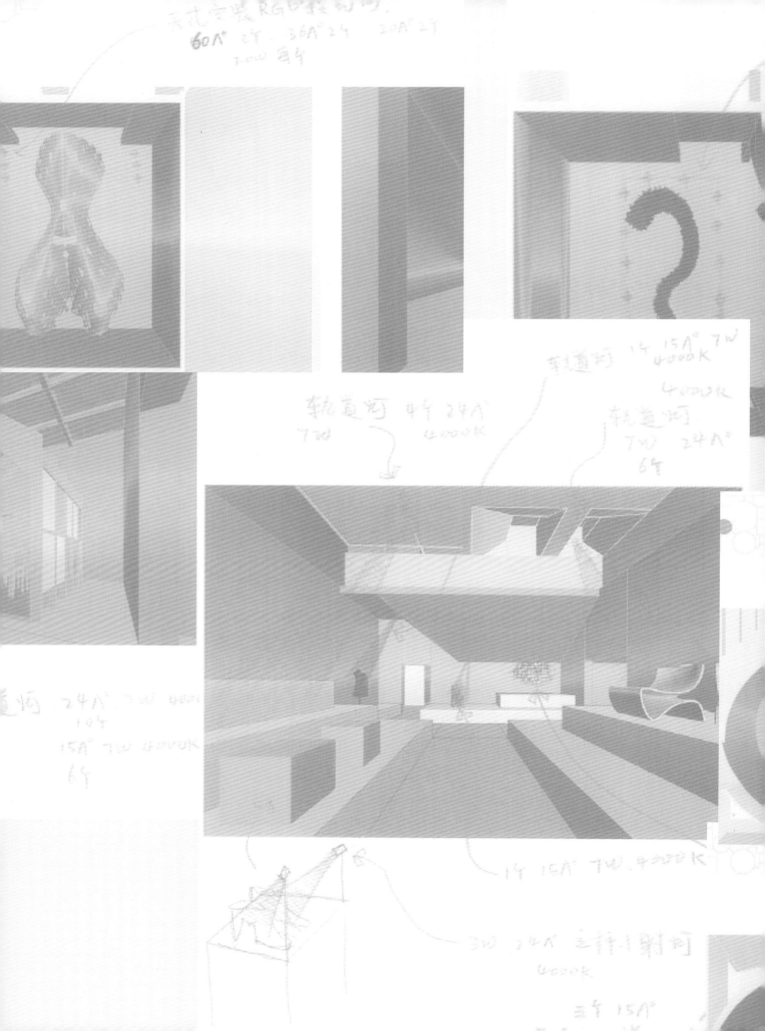

解析篇
CASE STUDIES

苏州希尔顿酒店

Hilton Suzhou

项目地点
苏州

设计单位
北京市洛西特灯光设计顾问有限公司

主设计师
张晟豪

设计团队
王昊、孟婷婷、于晓东

设计背景与理念

项目位于苏州工业区金鸡湖商业区，与地铁1号线南施街无缝连接，乘坐地铁能前往城中各景点、购物中心和餐厅。酒店定位是休闲、度假、商务型酒店。酒店设置多种客房及公寓、多功能会议室及占地 1000m² 的无柱大宴会厅、特色的餐厅、恒温泳池、24 小时健身中心、豪华水疗中心。

如今酒店整体光环境成为决定酒店品质的重要因素，别出心裁的灯光环境，融合于建筑和环境之中，灯光设计不再是简单地平铺直叙，而应利用明暗对比、强弱关系、生动节奏，打造出惬意休闲的住宿体验。

灯光具有刺激和影响人的情绪，调整室内氛围和塑造个性之功效。室内空间的艺术表现离不开照明的手段，特别是装饰性照明，是烘托空间环境的主要方法。你走进酒店的大厅会被那些绚丽的灯光吸引，不管是那些豪华的灯具，还是变化丰富的装饰照明，都体现了酒店的设计意图。本案的灯光主基调普遍采用 3000K 的暖色温，营造一种温馨、舒适的放松环境。

大堂以简单大气的石材作为地面材质，同时以单色辅助空间，借此提升空间的气质。大堂吧的开放式布局及悉心设计的间隔，配合优雅时尚的软装，都在力求打造都市中心时尚雅致的休闲空间。

餐厅的灯光相当重要，有一些光线是为了让人看起来好看，有一些则是为了让食物看起来好看，灯光成了情绪的催化剂，在这样精致的氛围下面用餐，令人心生愉悦。

宴会厅延续整体的精致感，俨然整齐的线条、对称的布局，于无形之中增加仪式感，对空间进行更加准确的表达，演绎空间的独特韵味。

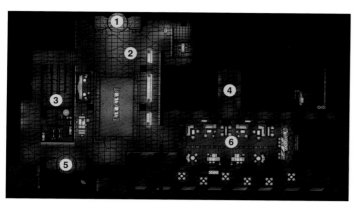

一层人员
动线分析

1. 主入口
2. 大堂
3. 扶梯
4. 电梯厅
5. 次入口
6. 大堂吧

一层平均照度色温划分		
功能区	照度/lx	色温/K
接待区域	400	3000
入口区域	200	3000
大堂吧	150	3000
通道区	100	3000

一层照度分析

1. 入口照度200lx
2. 通道区照度100lx
3. 大堂接待桌面
照度400lx
4. 入口照度200lx
5. 大堂吧桌面
照度150lx

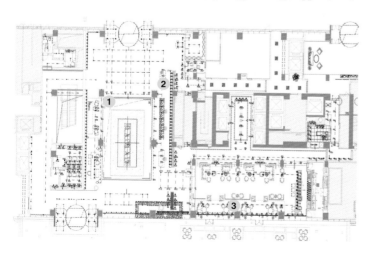

一层天花灯具
点位分析

1. R3b嵌入式可调
角度射灯,10W,
光束角24°。
2. R4嵌入式筒
灯,10W,光束角
36°。
3. R8嵌入式可调
角度射灯,8W,
光束角15°,配
拉伸镜片,灯具安
装方式详见一层
灯具安装节点分
析一

一层地面灯具
点位分析

1. X3埋地灯,
7W,光束角
24°,灯具安装方
式详见一层灯具
安装节点分析二
2. 装饰台灯,灯具
控制需通过调光
系统
3. 装饰落地灯,灯
具控制需通过调
光系统

分区照明解析

一层照明解析

大堂的环境氛围会影响顾客进入酒店的第一印象,因此空间层次要分明,前面介绍了整个主基调为暖色温,常规的筒射灯选用3000K色温。挑空天花安装装饰灯,由于装饰灯是装饰灯厂家深化的,在深化审核时需要注意灯具色温及灯具特性(防眩性、照度、光束角),避免出现灯具色温与整体色温基调不统一以及灯具眩光问题(关于眩光值标准,详见第035页)。

一层包括入口区域、接待区域、大堂吧、通道区、电梯等待区和卫生间等。

入口区域:为了满足其照明需求,需要考虑室内外灯光的过渡,入口在一定程度上需要满足吸引顾客注意力的功能,白天当人们从户外的高日光照度进入室内时需要有一个缓冲的照度视觉感受,才能防止人们有一种从明亮到昏暗的视觉冲突。所以入口的灯光需要较高的照度来满足。区域照度满足200lx(参考《希尔顿酒店管理规范2010版》)。

接待区域:用于顾客办理入住和退房,以及咨询和账目清算,出于功能性的考虑,对照度的需求也会相对应地高,就整个大堂环境而言,此处的照度属于一级照度,突出空间的重要性。区域照度满足400lx(参考《希尔顿酒店管理规范2010版》)。

大堂吧:一般用于顾客商务接待、等候、洽谈等,在不同时间段通过智能调光控制系统满足不同的氛围需求。

通道区和电梯等待区:照度不需要与大堂正厅照度相比,满足其照度的基本要求就好,但是通道里照度光效要均匀。楼梯处的灯光要保证视野足够清晰。大堂所有区域的灯光都需要与其材质相协调,与其功能性相结合,区域与区域之间要相结合,不可以太跳跃。灯具要结合天花进行安装。

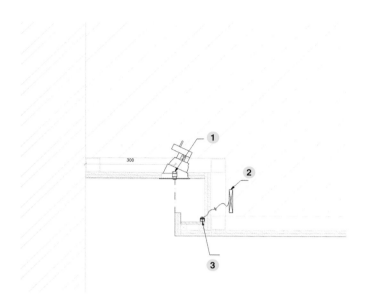

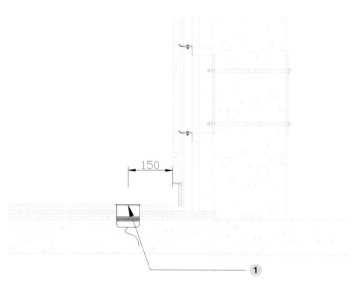

一层灯具安装节点分析一：灯具嵌入
式安装于外墙灯槽顶部，灯具中心点
与灯槽挡板齐平

1. 编号 R8 嵌装 LED 射灯
2. 外置变压器位于无障碍通风位置
3. 编号 L2 明装暖白色线性 LED 灯

一层灯具安装节点分析二：灯具埋地
安装，为避免不必要的安全事故，灯
具需要选用低压的

1. 编号 X3 LED 埋地灯

眩光值标准		
统一眩光值	不适应眩光标准 视觉感受概率	舒适概率 /%
10	难以察觉	95
13	稍微察觉	85
16	可以察觉	80
19	还能接受	70
22	不可接受	60
25	刚好不能接受	45
28	不舒服	20

三层照明解析

三层餐厅服务于入住酒店和聚会的客人。中餐散座区天花顶部 MR16 灯杯照射充满中式元素彩绘的绢布，折射出柔和光线，射灯对桌面的重点照明以及天花的灯槽氛围光，让整个空间更加有层次感和质感。餐厅包房立面深色木饰面和浅灰色壁纸硬包造型，整齐而又丰富，灯光着力刻画立面的细节，增加空间的立体感。

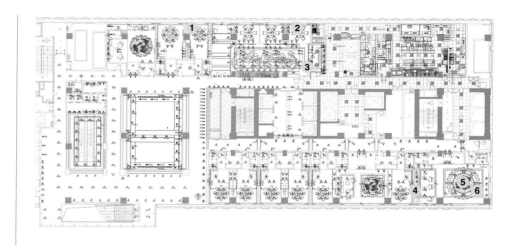

三层天花灯具点位分析

1. R3b 嵌入式可调角度射灯，10W，光束角 24°，对摆台艺术品重点照明
2. R3 嵌入式可调角度射灯，10W，光束角 36°，对桌面进行重点照明
3. LED 软灯带，14.4W/m，光束角 120°，丰富空间层次感，灯带安装方式详见三层灯具安装节点分析图
4. R3 嵌入式可调角度射灯，10W，光束角 36°，照射背景墙装饰画
5. 装饰吊灯
6. R3b 嵌入式可调角度射灯，10W，光束角 24°，对桌面重点照明

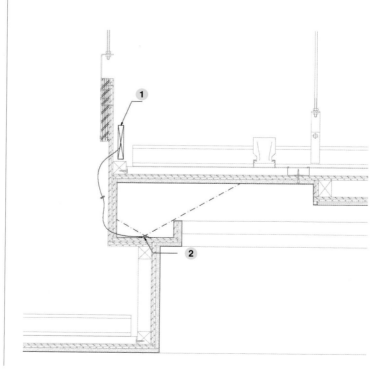

三层灯具安装节点分析图：灯带在灯槽安装时需要注意宽度和高度，高度大于 150mm

1. 外置变压器位于无阻碍通风位置
2. 编号 L1 明装暖白色线性 LED 灯

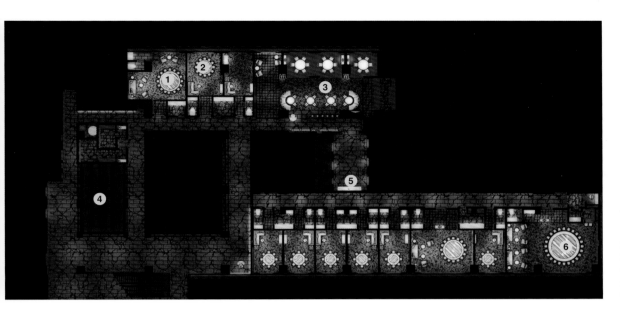

三层人员动线分析

1. 中包房
2. 小包房
3. 中餐散座区
4. 扶梯
5. 电梯厅
6. 大包房

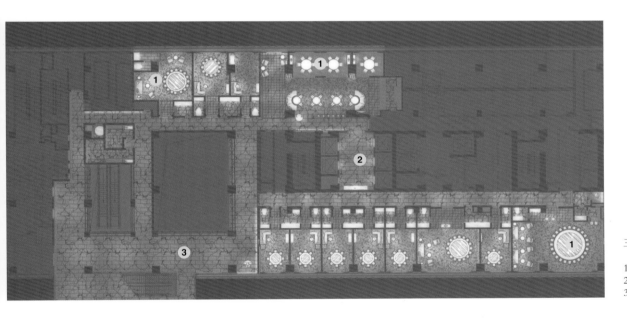

三层照度分析

1. 桌面照度 350lx
2. 地面照度 200lx
3. 地面照度 150lx

三层平均照度色温划分		
功能区	照度 /lx	色温 /K
桌面	350	3000
电梯间	200	3000
卫生间	100	3000
备餐间	150	3000
通道区	150	3000

餐厅空间是酒店重要的照明区域，灯具选型时应选用显色性较高的光源芯片和具有良好控光能力的灯具，以营造舒适、适宜就餐的独特氛围。

光源对物体颜色呈现的程度称为显色性，也就是颜色的逼真程度，显色性高的光源对颜色的还原较好，我们所看到的颜色也就比较接近自然原色，显色性低的光源对颜色的还原较差，我们所看到的颜色偏差也较大。通常用显色指数（CRI）来表示光源的显色性。光源的显色指数愈高，其显色性能愈好。

中餐厅区域一般情况包含中餐散座区、大小包房；包房照明一般情况下有迎宾模式、用餐模式和休闲模式等。

不同模式下包房照度亮暗对比			
模式	桌面	休息区	地面
迎宾模式	亮	亮	普遍均匀
用餐模式	亮	暗	暗
休闲模式	暗	亮	暗

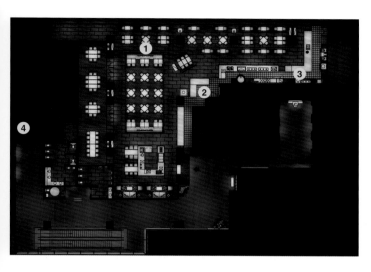

五层照度分析

1. 桌面照度 300lx
2. 台面照度 500lx
3. 台面照度 500lx
4. 桌面照度 300lx

五层平均照度色温划分		
功能区	照度 /lx	色温 /K
明厨、自助餐区	500	3000
桌面	300	3000
卫生间	150	3000
通道区	150	3000

五层照度亮暗对比				
模式	桌面	地面	通道	布菲台
早晨模式	亮	亮	普遍均匀	重点照明
晚间模式	亮	暗	暗	重点照明

五层照明解析

全日餐厅：24 小时服务餐厅，一般用于商务接待、散客服务、客房服务（早餐），需要的最基本照明模式有早晨模式、晚间模式。

全日餐厅早晨模式适用于酒店住客的早餐时间段，酒店早餐需要快速翻台以满足客人用餐需求，由于早晨室外光线色温属于冷白系，为了给人一种温馨的用餐环境，灯光照度相较于夜晚要亮一些。晚上客人的休闲时间相对于早上要更充足一些，酒店晚餐的特色餐服务，需要通过可调角度射灯对桌面重点照射，降低周围环境光光线，营造出昏暗而又有情调的灯光氛围，为每个餐桌区域打造一个个相对私密的用餐环境。

操作台组在任何情况下都需要重点照明。

六层人员动线分析

红色代表人员游走第一动线
蓝色代表人员游走第二动线
紫色代表人员游走第三动线

六层照度分析

1. 桌面照度 500lx
2. 地面照度 350lx
3. 照度 150lx
4. 照度 200lx
5. 地面照度 150lx
6. 桌面照度 500lx

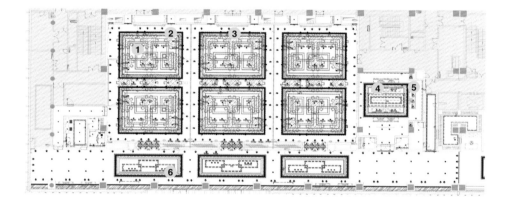

六层宴会厅天花灯具点位分析

1. R20b 嵌入式筒灯，28W，光束角 25°
2. R16b 嵌入式射灯，28W，光束角 25°
3. T11/T15 电动轨道追位灯，20W，
   光束角 8° ／11°
4. R4 嵌入式筒灯，10W，光束角 36°
5. R4 嵌入式射灯，10W，光束角 36°
6. R20b 嵌入式筒灯，28W，光束角 25°

六层照明解析

宴会厅作为酒店的多功能空间，无论是举办婚宴、商务活动还是社交聚会，每个灯光点位的设计都应体现空间的层次、美感及功能性。智能照明控制系统为不同会议、活动提供高效的灯光模式。天花筒射灯的错位排列既要满足不同场景的基本水平照度需求，又要满足不同功能场景的垂直照度需求。明装的电动轨道追位灯在婚宴、酒会等特殊场景下做重点照明使用。

宴会厅灯光控制场景面板	
新人进场	用餐模式
布置模式	冷餐模式
酒会模式	中餐模式
西餐模式	圆桌模式

地下一层平均照度划分		
功能区	照度 /lx	色温 /K
宴会厅	500	3000
会议室	500	3000
宴会前厅	350	3000
宴会销售	200	3000
卫生间	150	3000
通道区	150	3000

会议室空间照度比例关系			
会议模式	演讲模式	投影模式	圆桌模式
前：中：后	前：中：后	前：中：后	前：中：后
1：1：1	3：2：1	1：2：3	1：2：1
会议室空间照度参数依据《希尔顿酒店管理规范 2020 版》			

宴会厅：酒店宴会厅的功能决定了其照明的设计，宴会厅作为宴请宾客、举行会议、观赏表演、演讲及学术交流的场所，在不同用途的情况下，灯光需求自然不同，不同的灯光场景可以灵活切换是宴会厅灯光设计的重点。

会议室：会议室作为商务洽谈的场所，灯光场景应满足洽谈所需要的诸多需求，通过智能调光控制系统进行空间氛围调试。

会议模式：主要使用对象是参会人员，照明环境应满足可以看见全体人员的面部、能阅读屏幕上的文字、能记笔记。

演讲模式：主要使用对象是演讲者，需满足聆听者在接收演讲者信息时能清楚地确认演示墙面的信息、能阅读文字、促使全体人员的视线集中在墙面上等。

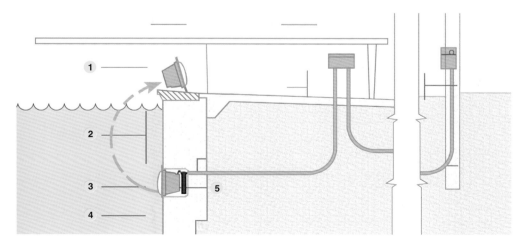

灯具安装节点示意

1. 灯具可拿出水面更换
2. 最小 60cm
3. 固定装置
4. 池壁
5. 足够长管线缠绕在灯具内部，
   更换光源时灯具可拿出水面

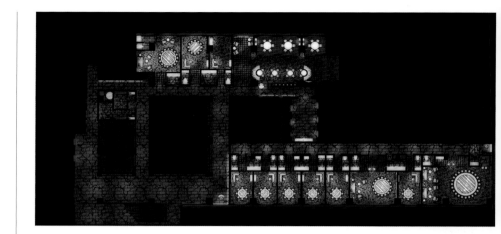

七层照明解析

泳池池壁和池底采用浅蓝色系马赛克，通过池底与池壁照明呈现出泳池清澈见底。泳池的灯光设计一般情况下注意两点：一是满足泳池安全规范，泳池内灯具需使用防水低压灯具；二是在满足泳池照明基础上，营造泳池休闲舒适的灯光氛围。

泳池灯光设计与安装时应该注意以下几点。

1. 泳池内灯具防护等级需为IP68；由于灯具需要拿出水面检修，灯具接线口处需做防水处理。

2. 安装在水下的灯具应该采用安全低压供电，其电压不应该大于安全电压36V。

3. 色温根据环境情况选择，建议在3000K。

4. 泳池天花造型上尽可能不选择直射式出光的灯具（筒射灯），避免在人仰泳或通过水面反射时感到眩光。

相关参数

灯具参数

灯具编号	类型	功率	光束角	色温 /K	功能区
R3	LED 低压嵌入式可调角度射灯	10W	36°	3000	三层天花
R3b	LED 低压嵌入式可调角度射灯	10W	24°	3000	一层天花、三层天花
R4	LED 低压嵌入式筒灯	10W	36°	3000	一层天花、六层宴会厅天花
R8	LED 低压嵌入式可调角度射灯	8W	15°	3000	一层天花
R16b	LED 低压嵌入式可调角度射灯	28W	25°	3000	六层宴会厅天花
R20b	LED 低压嵌入式筒灯	28W	25°	3000	六层宴会厅天花
T11	LED 低压电动轨道追位灯	20W	8°	3000	六层宴会厅天花
T15	LED 低压电动轨道追位灯	20W	11°	3000	六层宴会厅天花
L1	LED 软灯带	14.4W/m	120°	3000	三层天花
L2	LED 软灯带	8W/m	120°	3000	一层外墙灯槽顶部

苏州太湖万豪万丽酒店

Suzhou Marriott Hotel Taihu Lake and Renaissance Taihu Lake Hotel

项目地点
苏州

设计师
山口龙磨

设计背景与理念

项目比邻太湖,由度假商务型的万豪酒店及体验度假型的万丽酒店组成,向世人绽放苏韵人文和江南山水之魅力,项目位于苏州吴中区胥口镇的渔阳山东南侧环太湖区,东临墅里路,南邻太湖,北依渔阳山,交通十分便利。总用地面积 9.245 万 m²,建筑面积约 11.8 万 m²,总客房数为 519 间,其中万丽酒店拥有客房 246 间(包含独立别墅),万豪酒店拥有客房 275 间,酒店主楼均呈风车状,从每个客房均能看到太湖、渔阳山风景区以及高尔夫球场。酒店拥有 4 间宴会厅及 10 个灵活多变的会议室,总面积达 7388m²,包含室外游泳池、儿童乐园、

健身房、水疗室、瑜伽室等在内的休闲娱乐中心,总面积达 2400m²。酒店所在的太湖国家旅游度假区浸润于多姿多彩的吴地文化氛围之中,作为长三角地区的全新旅行目的地和会议目的地,苏州太湖万豪万丽酒店享有地利之妙,湖光山色隔绝了都市喧嚣,静可于潋滟波光中回看过往、展望未来,动可由此出发探索、感受周边人文风情。

苏州以其独特的园林景观被誉为"中国园林之城",素有"人间天堂""水上威尼斯""东方水城"的美誉。在灯光设计时景观部分考虑以四季植物的变更为主,而室内设计运用较多流线的表达方式,以水为主题,所以在

室内的灯光表达上,考虑如何展现水的灵动和柔和。

日光渗透

大面积地使用玻璃材质,这能够让更多的光线渗透进入室内,照明需灵活运用,随着日光的变化,通过调光系统可以平衡室内功能照明与自然照明,以保持室内的照明氛围。

材料和纹理

灯光可增强材质的外观表达,更可以组合创建成有序的纹理,形成充满艺术感的灯光装饰,以激发客人的兴趣与探索欲。每个重要功能的空间应采用有区别的和巧妙的照明方式呈现,以便引起客人的注意。

白天场景
08:00—18:00

傍晚场景
18:00—21:30

深夜场景
21:30—24:00

凌晨场景
00:00—06:00

分区照明解析

大堂

每个区域根据不同的时间场景，做了不同的灯光模式，就大堂部分而言，其为两层挑空设计，大堂主入口朝南，并且朝南侧使用了大量的落地玻璃，在白天的场景下基本可以利用自然采光作为主要照明，从入口向内部空间逐渐使用筒灯增加人工照明，以平衡整体空间的亮度，使客人不会感受到明显的明暗落差。

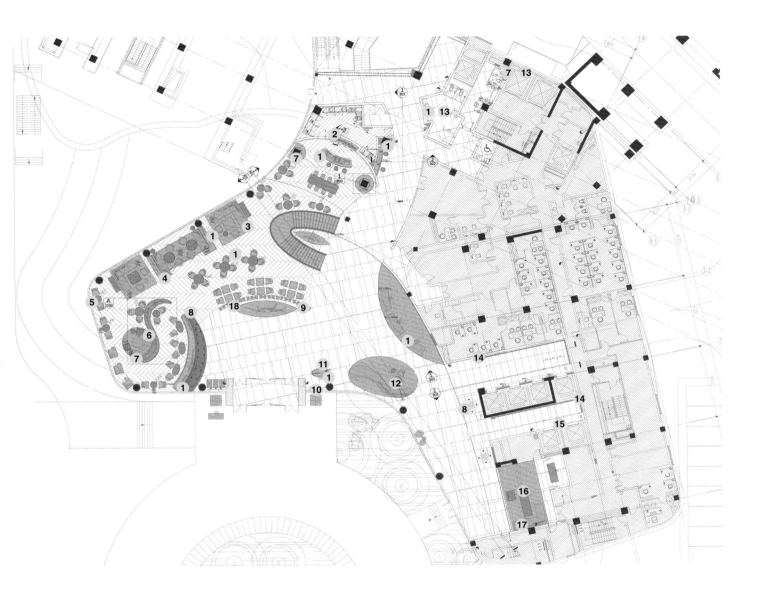

大堂及大堂吧地面灯具点位分析

1. ILL7 表面安装线性 LED
2. IDF17 嵌入式天花筒灯
3. ITA3 台灯
4. ITA4 台灯
5. IFS2 落地灯
6. ITA5 台灯
7. ILL1 表面安装线性 LED
8. IUW2.1 嵌入式水下灯
9. IWS13 灯盒
10. IIF1 地埋灯
11. ITA6 台灯
12. IF3 落地灯
13. IWS2 壁灯
14. ILL6 表面安装线性 LED
15. IWS11 壁灯
16. ITA7 台灯
17. ITA8 台灯
18. 艺术品留电

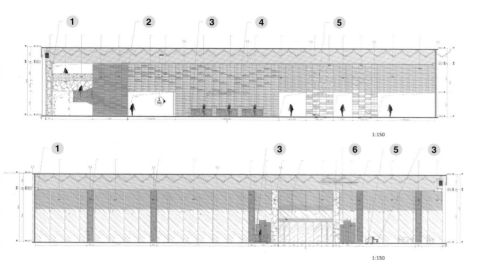

进门后首先映入眼帘的是完整而又层次分明的装饰墙面以及接待台，墙面的"翻页窗"内透出来的光芒就像洒入室内的日光。而进入夜晚，天花灯具映射出"翻页窗"的阴影，使整个墙面表现出完整的肌理与层次感，此外，通过不同场景的设置还可以呈现不同的视觉感受。

大堂及大堂吧立面图

1. ILL8 表面安装线性 LED
2. ILL1 表面安装线性 LED
3. ILL7 表面安装线性 LED
4. IPS8 吊灯
5. IUW2.1 地埋灯
6. IIF1 地埋灯

在白天场景中，入口处的艺术层架被
每个玻璃小盒中的灯带微微点亮，微
弱的灯光从每个玻璃小盒中透出，在
丰富空间的同时，也增加整体空间的
节奏感。夜晚艺术层架上的玻璃小盒
完全亮起，与框架形成明暗对比，形
成错落的艺术效果。

接待台上方两两一组的灯具分别是射
灯和洗墙灯，洗墙灯凸显背景，而射
灯对底部的接待台提供基础照明。

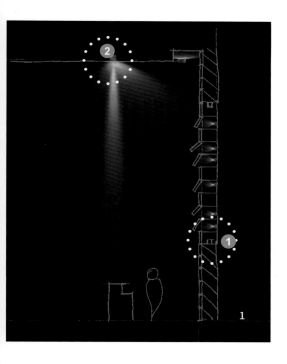

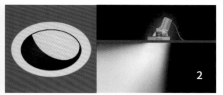

特色功能

1. 冷白色的内透光，在接待台背景墙壁上，结合室内凸起如窗扇的造型，形成浮雕感的艺术效果。

2. 筒灯和洗墙灯突出特色墙并对准接待处服务台。

灯具参数：光源 LED COB，功率 35W，色温 2700K，洗墙配光。

3. 温暖色调的灯箱安装在大堂中间的木格里，点亮不同的灯箱创建不同的图案和纹理。

灯具参数： 光源 LED LINEAR，功率 6W/m，色温 2700K。

照明控制系统

采用路创能源照明控制系统，其组件包括触摸屏、8 个预设按钮、日光感应器和时间表。

照明场景

· 06:00—08:00 黎明
· 08:00—18:00 白天（根据天气和亮度自动调光和阴影控制）
· 18:00—21:30 傍晚
· 21:30—24:00 深夜
· 00:00—06:00 凌晨
· 触摸屏和面板安装在警卫室
· 预设按钮手动设置在接待台
· 日光感应器安装在天窗处检测亮度
· 全年实现不同的照明场景
· 控制系统控制大堂、电梯厅以及周边区域

大堂及大堂吧节点图

1. ILL8 表面安装线性 LED
2. ILL1 表面安装线性 LED

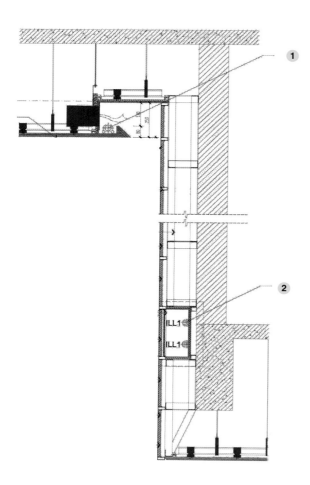

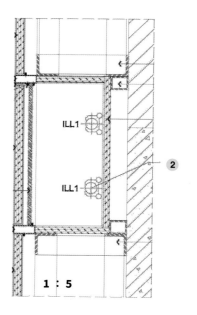

白天场景
08:00—18:00

傍晚场景
18:00 — 21:30

深夜场景
21:30—24:00

凌晨场景
00:00—06:00

大堂吧

大堂吧部分在白天基本有自然采光，天花的吊灯为高空间提供环境光，桌面由射灯提供重点照明。

在夜晚场景下，立柱四周的灯具打亮立柱，增强空间感和仪式感。此外，有重点照明的同时，筒灯对该区域提供基础照明。落地灯和台灯对低空间提供环境照明。

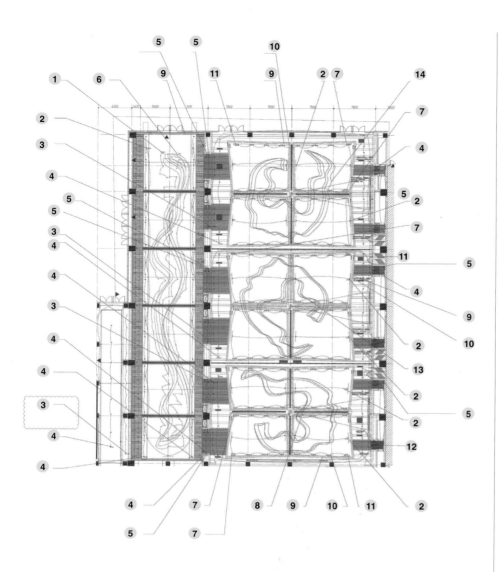

宴会前厅和宴会厅

宴会前厅和宴会厅都是层高超过 7m 的高空间，在灯光设计时需要考虑表现其空间感，宴会前厅的两侧门框使用向上洗亮的线条灯，作为立面照明体现空间的纵深感，立柱上的壁灯为低空间提供环境照明，在每个宴会厅入口门框上增加射灯作为指引性的重点照明。天花的造型灯带、两侧的双头灯提供基础照明。宴会厅作为酒店的一个重点区域，在设计灯光时需要考虑它灵活多变的功能运用，故在该区域设计时，除了使用正常的 2700K 的灯带，同时也增加了 RGB 调光灯带来满足不同的场景需求。由于该区域层高较高，且需要使用不同场景，在筒灯的选型上选择了适用于多变空间的遥控灯，只需要手持遥控器就可以对灯具的角度、亮暗做调整，将灯具打到需要对应打亮的位置。虽然遥控灯使用灵活，但价格较高，所以在保证效果的同时考虑到业主的预算，其余灯具使用常规射灯作为基础照明。

宴会厅天花布灯图

1. IDF18 嵌入式天花筒灯
2. ILT2 轨道灯
3. IDF14 嵌入式天花筒灯
4. IDF16 嵌入式天花筒灯
5. ILL1 表面安装线性 LED
6. IPS40 吊灯
7. IDA10 嵌入式天花射灯
8. IPS41.2 吊灯
9. ILL8 表面安装线性 LED
10. ILL9 表面安装线性 LED
11. IDA7 嵌入式天花射灯
12. IDF8 嵌入式天花筒灯
13. IPS41.1 吊灯
14. IPS41 吊灯

活动场景

普通场景

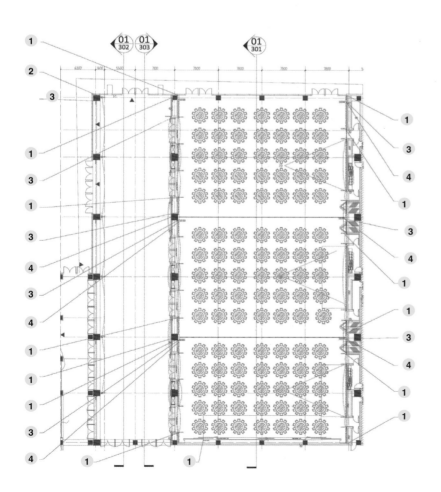

顶部的吊灯形态如同奔腾的河流，波光
粼粼，吊灯材质使用的是水晶片和金属
组件，并藏有小颗粒 LED 灯珠，在吊
灯顶部使用小筒灯作为补充照明，灯光
打在水晶片和金属材质上，那些反射在
天花的灯光，就像倒映的星河。

宴会厅地面布灯图

1. ILL1 表面安装线性 LED
2. IWS7 壁灯
3. ILL6 表面安装线性 LED
4. ILL9 表面安装线性 LED

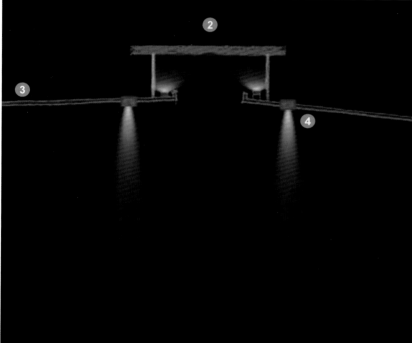

遥控灯

1. 遥控可调筒灯可以更好地作为桌面的主要照明。使用遥控灯可以更灵活地布置餐桌，节省人力成本，遥控灯通过遥控器，可以使灯光打到所需要打亮的桌面上。

灯具参数：光源 QR111，功率 100W，配光 8°，色温 2900K。

2. 线性 LED 灯。

3. 天花射灯。

4. 遥控筒灯。

采用路创创艺眼 QS、邦奇等类似的触摸屏，集成 DMX 控制。

照明场景设置如下。

研讨会
接待模式
讲座模式
演示模式

婚宴模式
接待模式
新娘和新郎入场
演示模式
用餐模式
欢送模式

颜色模式
使用 DMX 控制或类似的方案，通过触摸屏控制以下颜色：
暖色
兰花色
碧绿色
薰衣草色
褐色

其他
清洁 / 设置模式

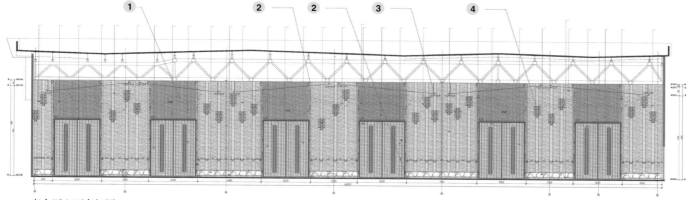

宴会厅立面布灯图

1. IPS40 吊灯
2. ILL1 表面安装线性 LED
3. ILL8+ILL9 表面安装线性 LED
4. ILL6+ILL9 表面安装线性 LED

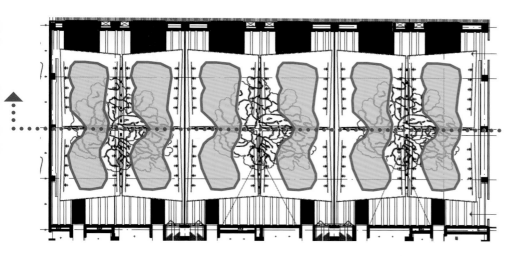

天花布灯图

照明和特色天花位置

在宴会厅，天花中间是大面积的装饰吊灯，在布灯时如果筒射灯距离吊灯太近，灯光会打在吊灯上，所以其他灯具与吊灯需要保持一个适当的距离。

特色天花的布局建议如宴会厅立面布灯图显示，吊灯位于天花的中央，占了天花约 2/3 的位置，遥控灯需要与特色吊灯保持一个适当的距离，以保证灯光能够不受阻挡地照射到所需打亮的物体上。

行政酒廊

行政酒廊是一个通长形的空间，天花采用褶皱式的天花造型，贯通了整个空间，在石膏板天花上做穿孔造型，设计时将穿孔的背部当作整体的发光灯箱来做，呈现内透效果，两侧的灯带烘托出天花的不规则造型，在立面多宝阁的层板架上，选取部分放置层板灯具，作为重点照明。

由于陈列柜旁边的天花太窄，安装筒灯也未能照进柜子里。因此，建议采用如图显示的灯具。

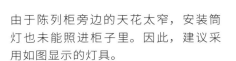

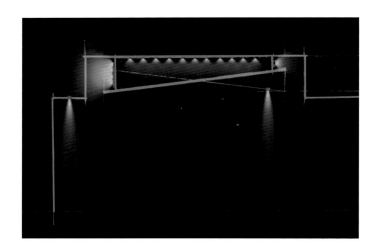

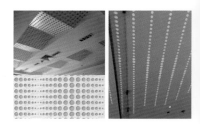

灯箱照明。把灯具直接安装在天花上，穿孔的天花可起到灯箱的作用。线性灯沿着天花板的对角安装。

相关参数

灯具参数

灯具编号	类型	功率	光束角	色温 /K	功能区
/	线性 LED 光源	6 W/m	/	2700	大堂
/	面光源	35W	洗墙配光	2700	大堂
/	LED 灯 +LED 灯带作为凹槽灯	12W/m	/	RGB	宴会厅
QR111	遥控灯	100W	8°	2900	宴会厅
IWS2	壁灯	12W	漫反射光	2700	大堂
IWS6	壁灯	7W	漫反射光	2700	一层公共区
ITA7	台灯	7W	漫反射光	2700	十一层中餐厅
ITA17	台灯	12W	漫反射光	2700	一层会议室
IPS39	吊灯	108W×9	40°	2700	一层宴会厅
IPS65	/	3.5W×66	漫反射光	2700	一层会议室

无锡君来波罗蜜多酒店、会议中心

Wuxi Juna Paramita Hotel and Conference Center

项目地点
无锡

室内设计
上海禾易室内设计有限公司

灯光设计
上海艾特照明设计有限公司

摄影师
汪建平、魏敏

设计背景与理念

无锡君来波罗蜜多酒店、会议中心是一家五星级的佛禅主题文化酒店，坐落于东方禅境灵山小镇——拈花湾内，直面太湖旖旎山水风光，距离雄伟壮丽的灵山大佛仅 3000m，地处马山国际旅游岛，周边旅游资源丰富。酒店承办了第四届世界佛教论坛大会，并且成为世界佛教论坛大会永久会址。

酒店室内装饰以清净、安宁平和、自然禅境为设计主题，照明设计在充分了解室内设计元素以及不同空间的功能需求基础上，营造安静、淡雅、舒适的室内光环境。灯光设计延续室内设计的禅意风格，照明效果取决于空间合理的光分布、光色的选择及对比，以营造倾诉人心与感性的光环境。照明设计的目标是设计简单易操作的灯光、增加间接照明、合理化灯具数量、采用控制调光系统。不同功能空间的照度标准参考国内及国际标准，取相对较高值，在某些区域更重视垂直立面照度。酒店及会议中心整体空间 90% 采用 LED 光源，相比传统光源节省电力消耗 50% 以上，再加上优质的电源驱动在电源的转化率方面可以达到 90% 以上，更加减少了在传输及转化上损耗的电能。酒店公区及会议区域，采用智能灯光控制系统，优质的电源输出保证了大空间内照明灯具运行的稳定性，提高灯具的使用寿命，实施监控功能可以及时反映灯具的运行状态，降低后期维护成本。不同空间设计采用灯光场景的预设和调用，同时兼容会议、酒店管理系统等第三方管理系统，为后期运营管理提供便利性和可操作性。

分区照明解析

大堂

酒店大堂空间为直径 23.2m 的圆形区域，两侧对称，格局开阔。步入大堂，首先映入眼帘的是大堂中心巨大的莲花水景，照明设计师采用重点照明和装饰照明相结合的照明手法，结合投影灯进行局部渲染，将莲花水景打造成整个酒店大堂空间的视觉重点。酒店大堂照明整体设计采用 2700K 暖白光的 LED 灯具，灯具显色指数 >90，力求光效均匀柔和，并真实还原室内装饰设计元素，给入住宾客温馨、亲切的感觉，同时提供不低于 200lx 的地面平均照度，在接待台等局部重点区域提供不低于 300lx 的照度。

在保证大空间照明效果的前提下，实现绿色节能，大堂设计采用智能照明控制系统，根据酒店运营需求预设不同调光场景，如迎宾模式、晴天工作模式、阴雨天工作模式、夜晚工作模式、深夜模式等多种选择，并预留独立操作按键以应对特殊情景，控制面板由酒店管理人员在前台集中管理。

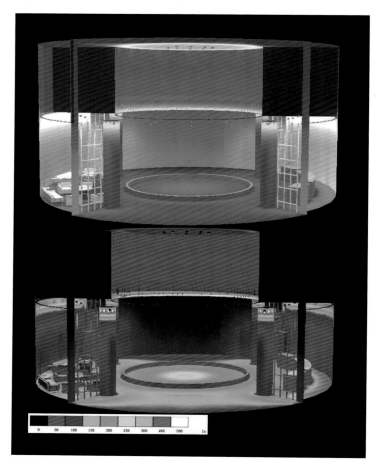

3D 效果图

3D 伪色图

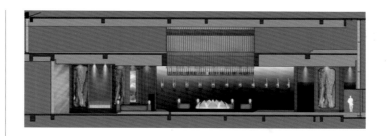

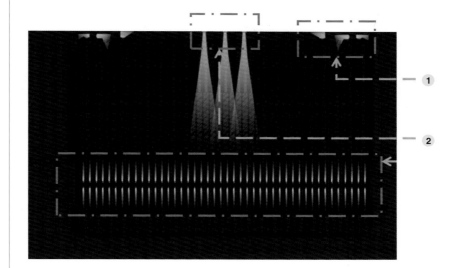

大堂灯具剖面解析图

1. LED 灯带，12W/m，2700K
2. LED 可调角度射灯，37W，2700K

大堂休息区灯带示意图

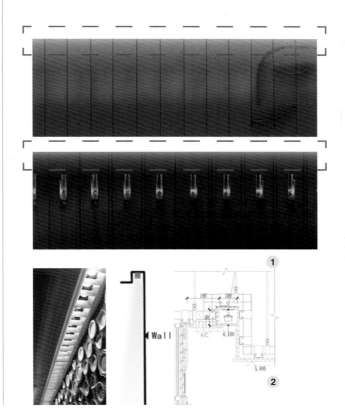

洗墙灯带节点图

1. 条形洗墙灯，24W/m，
光束角 20×40°，2700K
2. 黑色亚光防眩光格栅

大堂左侧休息区的墙面设计有浅浮雕佛脸图案，为了凸显佛脸的五官轮廓，同时满足面部均匀、祥和的光照效果，照明设计师采用 LED 条形投光灯，从顶部灯槽对整个墙面进行洗墙照明，同时配合顶部偏光筒灯对佛脸进行补光。此外条形投光灯和筒灯均可进行调光，以达到理想的照明效果。整个大堂空间充满浓郁传统的东方禅意色彩。

1. 洗墙弱化 + 外部照明：
雕像线条弱化，整体画面柔和
2. 洗墙增强 + 外部照明：
雕像线条清晰，立体感增强

大堂吧

当阳光温和地穿过明亮的酒店落地窗，照向宽敞的大堂时，大堂吧这个独特的区域便成为吸引宾客驻足的绝佳场所。大堂吧通常在宾客心中扮演最能传达酒店服务理念的角色，因此这里的灯光氛围应舒适柔和，配合局部重点照明形成对比，突出重点，再通过装饰灯具烘托氛围。

而夜晚场景，立柱四周的灯具打亮立柱，增强空间感和仪式感。此外，在有重点照明的同时，筒灯对该区域提供基础照明。落地灯和台灯对低空间提供环境照明。

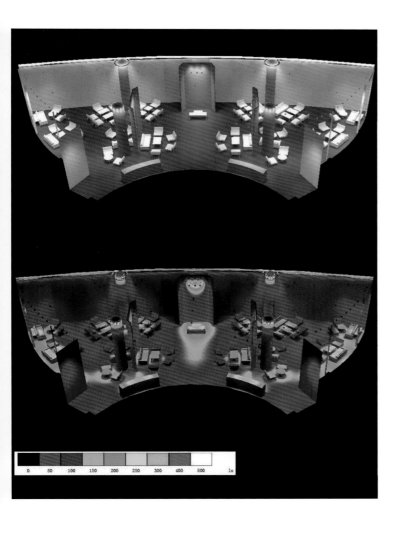

大堂吧灯光 3D 效果图及伪色图

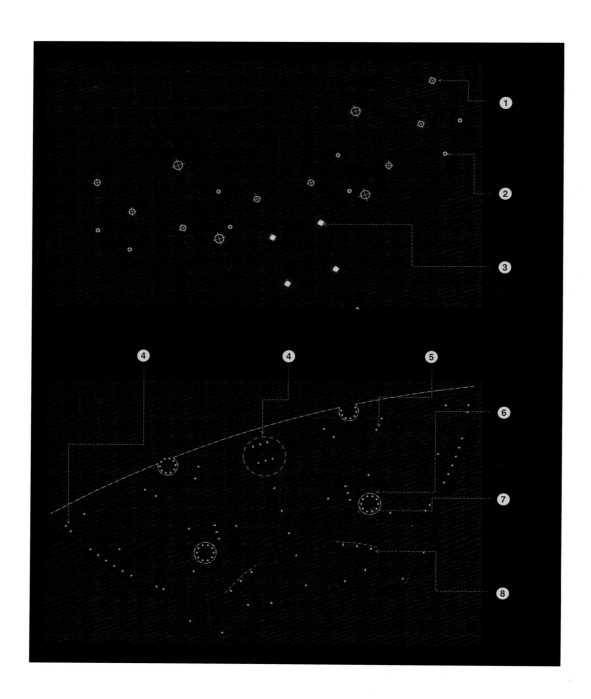

大堂吧区域照明解析图

1. LED 落地灯，10W，2700K
2. LED 烛台灯，1 W，2700K
3. LED 台灯，7W，2700K
4. LED 可调角度射灯，24W，20°，2700K
5. LED 不可调角度射灯，7W，36°，2700K
6. LED 不可调角度射灯，24W，40°，2700K
7. LED 灯带，6W/m，2700K
8. LED 可调筒灯，16W，22°，3000K

电梯厅

电梯厅长 8.7m，宽 4.2m，高 3.4m，呈不规则形状。电梯厅是宾客出入频繁的地方，通过重点照明，吸引宾客目光：当宾客进入电梯厅区域，映入眼帘的是该区域尽头的艺术品，电梯厅门口灯光给人指引；当宾客出电梯厅时，映入眼帘的是对面的雕塑重点照明，体现人文气息；当宾客在等待电梯时，可欣赏电梯厅迎面干净的墙壁，重点使用壁灯烘托氛围。

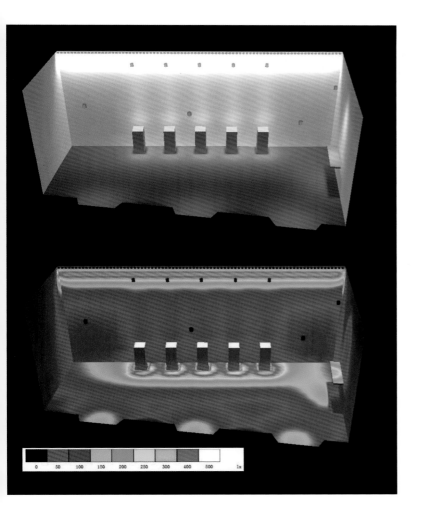

| 0 | 50 | 100 | 150 | 200 | 250 | 300 | 400 | 500 | lx |

电梯厅灯光 3D 效果图及伪色图

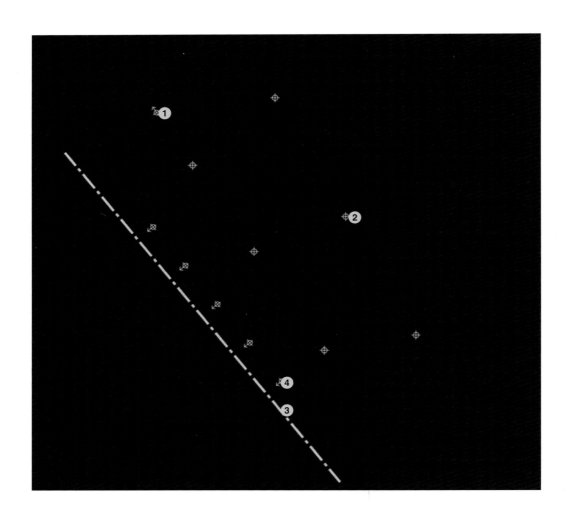

电梯厅区域照明解析图

1. LED 不可调角度射灯，16W，40°，2700K
2. LED 可调角度射灯，15W，25°，2700K
3. LED 条形洗墙灯，24W，20×40°，2700K
4. LED 可调角度射灯，10W，36°，2700K

客房灯光 3D 效果图及伪色图

客房

客房室内设计以体现禅意为主，室内照明设计力求营造出安静、禅意、舒适的氛围，给入住者一个全新的体验。

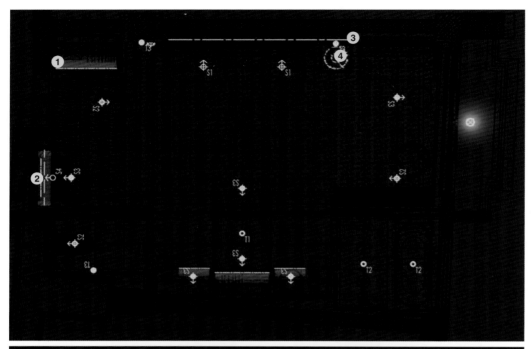

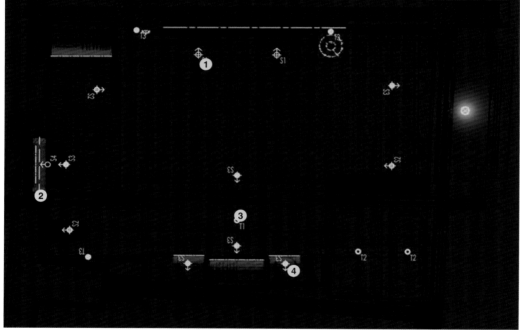

标准双床房灯具布置图一

1. LED 柜内灯带，6W/m，2700K
2. LED 迷你吧灯带，10W/m，2700K
3. LED 条形投光灯，18W，25°，2700K
4. LED 可调角度射灯，10W，36°，2700K

标准双床房灯具布置图二

1. LED 可调角度射灯，9.5W，24°，2700K
2. LED 不可调角度射灯，9.5W，36°，2700K
3. LED 可调角度射灯，9.5W，24°，2700K
4. LED 镜前灯，10W，107°，2700K

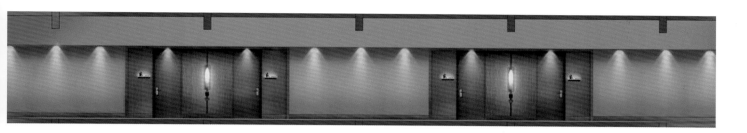

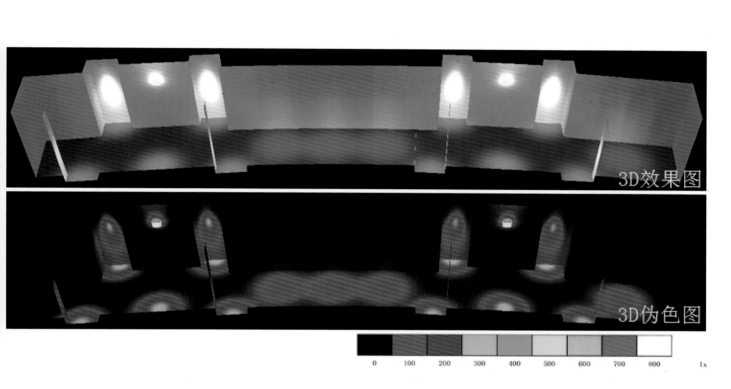

3D效果图

3D伪色图

0	100	200	300	400	500	600	700	800	lx

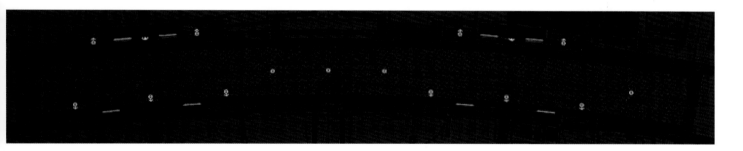

客房走廊照度 3D 效果图及伪色图

会议中心

酒店的会议中心部分由宴会厅、贵宾厅、展厅、150人会议室、450人会议室等空间组成，为第四届世界佛教论坛的主要会议场所。其中宴会厅室内采用对称的结构设计，增强空间感，花吊灯彼此交错排列，仿佛一幅山水画，给人感觉庄重大气。宴会厅的主要用途是举办宴会、会议、婚礼和展览等，会产生短时间大量并集中的人流，考虑到宴会厅的特殊需求，照明设计参照国内及国际标准，取相对高值。

会议区门厅

门厅长21.6m，宽12.5m，低处高4.9m，屋顶高7.8m，屋顶挑高，通过漫光，洗亮屋顶结构，增加空间感。门厅是宾客出入会议中心的必经之地，是客人登记办理手续的场所，是通向其他主要公共空间的交通中心。其设计、布局以及所营造出的独特氛围，将直接影响会议中心的形象与其本身功能的发挥。色温3000K，显色指数>90，空间平均照度200lx，接待台照度300lx。

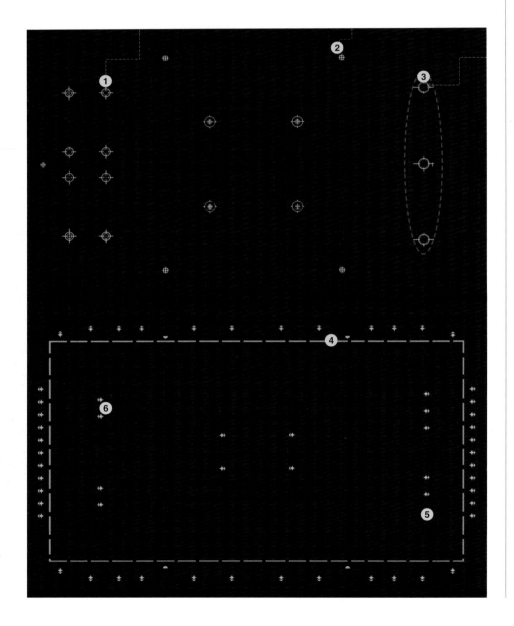

会议区门厅照明解析图

1. LED 落地灯，10W，36°，2700K
2. LED 台灯，10W，2700K
3. LED 轨道射灯，10W，36°，2700K
4. LED 条形洗墙灯，18W，20×40°，2700K
5. LED 可调角度射灯，16W，30°，3000K
6. LED 明装射灯，26W，2×26°，3000K

宴会厅

宴会厅长51.1米，宽27米，高8.75米，对称的结构设计增强空间感，吊灯彼此交错排列，仿佛一幅山水画，让人感觉庄重大气。宴会厅的主要用途是宴会、会议、婚礼和展示等，其使用特点是会产生短时间大量并集中的人流。为满足不同场合的需求，可通过调光设置相应场景。整体空间采用3000K的LED光源，显色指数>90，通过智能控制实现调光，光效均匀柔和，营造舒适氛围。

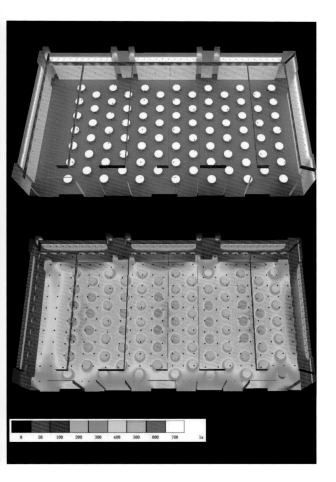

宴会厅照度3D
效果图及伪色图

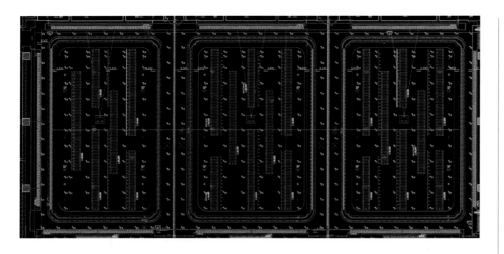

宴会厅区域照明解析图

· LED 不调角射灯，50W，40°，3000K
· LED 硬质灯条，20W/m，3000K
· LED 条形投光灯，24×2W，20×40°，3000K
· LED 格栅射灯，3×24W，30°，3000K
· 装饰吊灯，LED450~650W，3000K
· 装饰壁灯，LED15W，3000K

根据宴会厅的多种使用功能需求，照明智能控制系统预设以下调光场景。

1. 宴会模式：顶部花灯、基础照明、重点照明、装饰照明均为 100% 亮度，配合舞台照明，营造明亮雅致的就餐氛围。

2. 会议模式：顶部花灯 50% 亮度，基础照明 100% 亮度，重点照明、装饰照明 50% 亮度，提供不低于 500lx 的桌面照度，满足日常会议需求。

3. 休息模式：顶部花灯 100% 亮度，基础照明 50% 亮度，重点照明、装饰照明 100% 亮度，突出空间装饰设计元素，给宾客舒适、放松的体验感。

4. 禅静模式：顶部花灯 50% 亮度，基础照明、重点照明关闭，装饰照明 50% 亮度，置身宁静儒雅的光环境之中，让身心放空。

5. 节能模式：仅基础照明调至 50% 亮度，提供清洁维护的基本工作照明。

此外，单独对宴会厅的分隔区域设置效果照明，并对整体空间进行效果同步，达到以适应不同场合的灯光需求。另外可通过扩展模块与舞台灯光、音响等系统联动。

迎宾模式
1. 前台亮度 60%。
2. 两侧墙壁 80%。
3. 吊灯壁灯 80%。
4. 桌面亮度 60%。

活动模式
1. 前台亮度 100%。
2. 两侧墙壁亮度 50%。
3. 吊灯、壁灯亮度 50%。
4. 桌面亮度 50%。

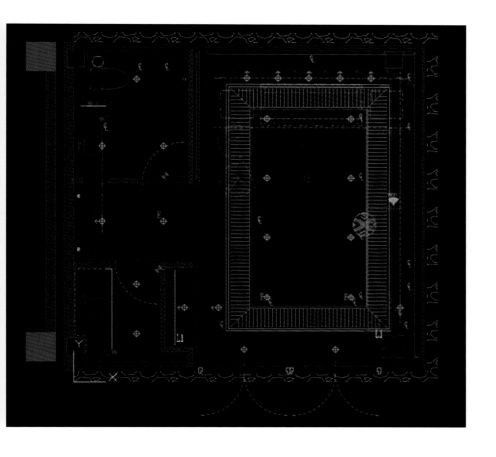

贵宾厅

贵宾厅采用屋顶挑高增强空间感，有较好的自然采光，宾客可欣赏到室外景色，室内整体设计给人端庄典雅之感，体现东方韵味。贵宾厅是接待贵宾的场所，紧临宴会厅前厅，色温3000K，显色指数 >80，灯具可调光，光效内敛而不张扬。

贵宾厅照明解析图

· LED 不调角射灯，16W，40°，3000K
· LED 调角射灯，10W，25°，3000K
· LED 柔性灯带，12W/m，3000K
· 装饰壁灯，10W，3000K

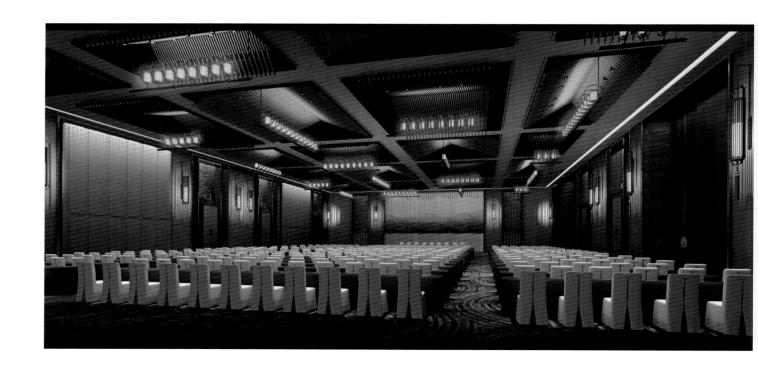

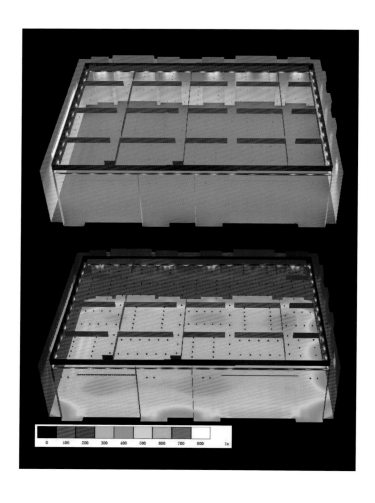

450 人会议室

会议室长 35.1m，宽 26.6m，高 7.9m，天花采用木质结构，结构简单但不单一，整体给人宽敞、高挑且古色古香的感觉。会议室可作多功能厅使用，通过调光设置不同场景，达到不同用途要求。色温 3000K，显色指数 >90，通过智能控制实现调光，光效均匀柔和。

会议室照度 3D 效果图及伪色图

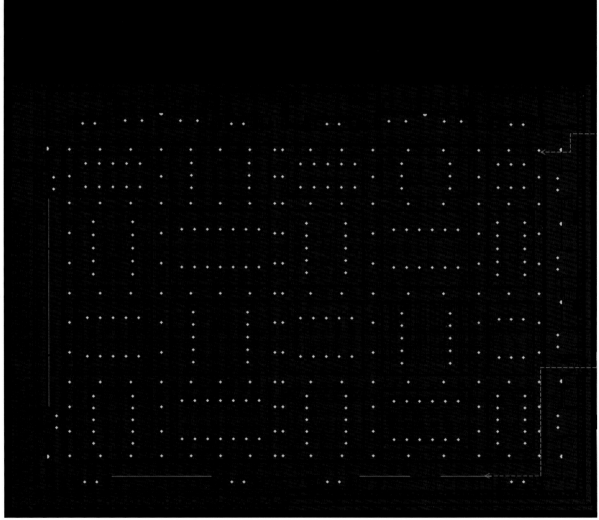

会议室照明解析图

·LED 明装射灯，32W，2×26°，3000K
·LED 不调角射灯，42W，38°，3000K
·LED 调角射灯，26W，30°，3000K
·LED 条形投光灯，2×24W，20×40°，3000K
·装饰吊灯，LED15W/灯头，3000K
·装饰壁灯，LED15W，3000K

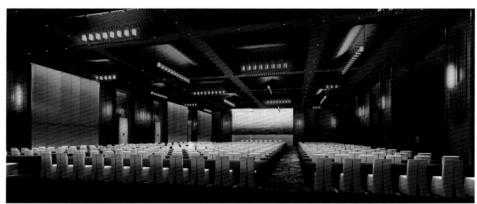

迎宾模式
1. 前台 80% 亮度。
2. 墙壁洗墙灯带调节至 80% 亮度。
3. 照射桌子的筒灯 60% 亮度。
4. 壁灯、吊灯调节至 60% 亮度。

会议模式
1. 前台 100% 亮度。
2. 墙壁洗墙灯带调节至 50% 亮度。
3. 照射桌子的筒灯 100% 亮度。
4. 壁灯、吊灯调节至 80% 亮度。

禅修模式
1. 前台调节至 80% 亮度。
2. 墙壁洗墙灯带调节至 30% 亮度。
3. 照射蒲团的筒灯 50% 亮度。
4. 壁灯、吊灯调节至 50% 亮度。

照度分析

酒店照度解析图

1. 大堂吧 200lx
2. 大堂中央景观 300lx
3. 接待台 300lx
4. 电梯厅 200lx
5. 入口处 100~200lx

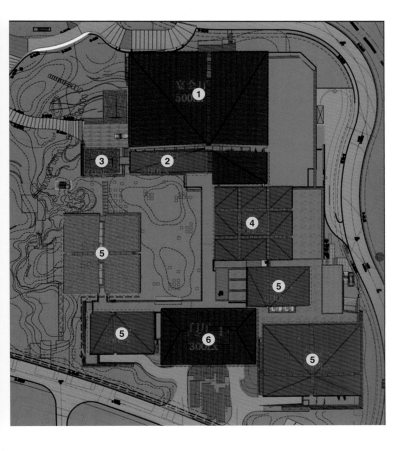

会议中心照度规划

1. 宴会厅 (多功能厅) 500lx
2. 宴会厅前厅 300lx
3. 贵宾厅 300lx
4. 展厅 500lx
5. 会议室 500lx
6. 会议区门厅 300lx

佛山罗浮宫索菲特酒店

Sofitel Foshan Hotel

项目地点
佛山

设计单位
谱迪设计顾问（深圳）有限公司

主设计师
马宏进

设计团队
李春晓、王颖、唐艺蕊

室内设计
CCD 郑中设计 | ATG 亚泰国际

设计背景与理念

项目位于佛山市顺德区乐从镇，离佛山市中心仅需 20min 的车程，同时临近广州南站，离广州白云机场仅需 60min，交通便利。辐射范围可涵盖广佛两城，与之配套的有著名的罗浮宫家具博览中心。酒店定位是休闲、商务型酒店。酒店客房涵盖中式、现代、地中海、欧式等多种风格。公区包含宴会厅、会议中心、家居博物厅、SPA区、餐饮空间、天际酒吧等多种功能分区，设计面积达 6 万多 m²。

因业主对调光的要求非常高，而卤素灯能比较好地匹配调光系统，保证不同回路、不同调光比例下灯光的一致性，所以设计师选用卤素灯与 LED 灯具搭配使用。而色温的选择以 2700K 为主，根据不同的功能分区打造不同的灯光氛围。

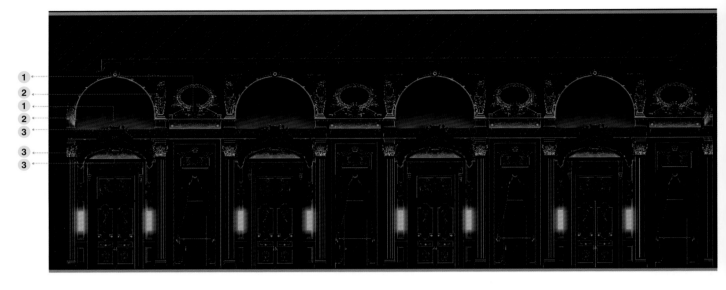

八层宴会厅立面灯光示意

1. 小射灯（明装），LED，3W，光束角36°，2700K
2. 小射灯（明装），LED，3W，光束角12°，2700K
3. 线性洗墙灯，LED，5W，光束角10°，2700K

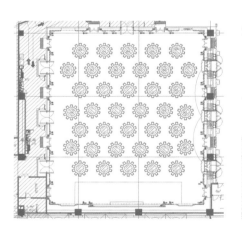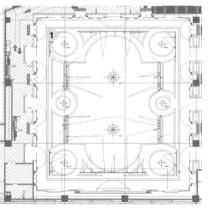

八层灯光点位分析

1. LLP 遥控导轨灯，LED，20W，光束角8°，2700K，Ra ≥ 90

分区照明解析

宴会厅

宴会厅是酒店最重要的空间之一，宴会厅灯光的品质是整个酒店中最高的，灯光效果需要在富含装饰美感的同时满足各种不同功能的需求。考虑到平面布局功能性的变换，天花的功能性灯具需要灵活控制，以遥控灯为优先选择。回路的划分需考虑不同的功能需求，配以智能调光系统，预设不同的场景模式。

复古的画卷、辉煌的雕塑、精美的装饰灯无不体现法式奢华，如同法国罗浮宫博物馆，透露着浓郁的历史气息。灯光从这些角度出发，将法式的奢华与浪漫通过灯光的语言诉说出来。

宴会厅灯光设计技术参数

光源：LED 及卤素灯
色温：2700K/3000K
显色指数：Ra>90
光照度：50 ～ 300lx
场景系统：DIM 调光控制

会议公区灯光设计技术参数

光源：LED 及卤素灯
色温：2700K
显色指数：Ra>90
光照度：20 ～ 150lx
场景系统：DIM 调光控制

十二层会议中心灯光点位分析

1. LA-P 可调角度灯，MR16，20~35W，光束角 40°，2700K，Ra ≥ 85
2. LS-P 双头筒灯，MR16，2×35W，光束角 45°，2700K，Ra ≥ 90

会议公区

会议公区走道，两侧的发光盒子将灯光最直接地传递给视觉感官，营造光与影交织的空间环境。辅以装饰灯的点缀，将空间的灵动与光影魅力充分地传递出来。

十三层 SPA 区灯光点位分析

1. LH-SPR 地理灯，LED，20W，光束角 30°，2700K，Ra ≥ 85
2. LD-SPR 双头射灯，LED，2×9W，光束角 25°，2700K，Ra ≥ 90

SPA 区

赭石、细沙、青苔、石墙等元素通过光与影的串联，构成一幅绝妙的枯山水。从电梯厅到走道到休息区再到SPA 区，灯光层次的渐变，营造出静谧的空间环境，仿佛从喧嚣的城市中来到了充满禅意的艺术空间。灯光设计侧重于烘托氛围，地面等采用漫反射照明，极大地减少天花的下照光，使视觉感受得到最大的放松。

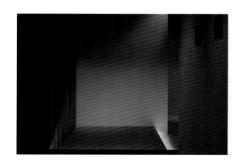

SPA 区灯光设计技术参数
光源：LED 及卤素灯
色温：2700K
显色指数：Ra>90
光照度：20 ～ 100lx
场景系统：DIM 调光控制

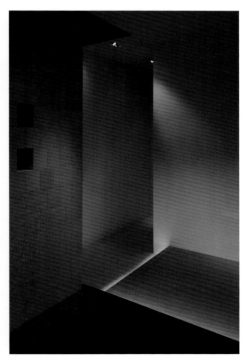

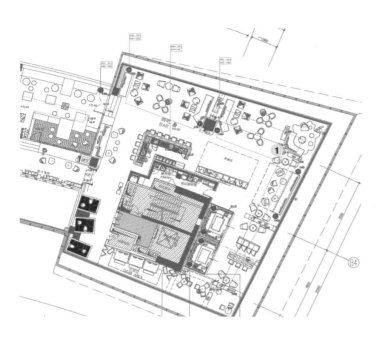

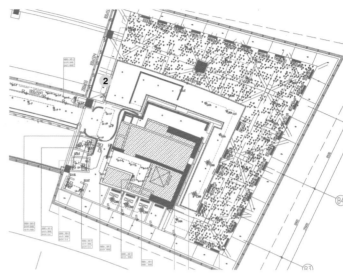

四十层天际酒吧灯光点位分析

1. LB-P 地埋灯，MR16，20~35W，光束角24°，2700K，Ra ≥ 85
2. LN-P 明装可调角度射灯，MR16，35W，光束角23°，2700K，Ra ≥ 90

天际酒吧

天际酒吧将工业风与中国传统文化相交融，迸发出不一样的视觉体验。灯光在提升空间意境的基础上，让室内与室外的氛围完美契合。自然光与室内灯光融合，在不同的时间段将不同的光影效果展现出来。

天际酒吧灯光设计技术参数
光源：LED 及卤素
色温：2700K
显色指数：Ra>90
光照度：20 ～ 100lx
场景系统：DIM 调光控制

照片由 CCD 提供

相关参数

控制系统

整个项目除后勤区外，绝大部分空间均采用智能调光系统，包括公区、包厢、卫生间等，设计时调光选用的为 0 ～ 10V，而后期业主考虑到整体成本因素，调整为 0 ～ 10V 调光与可控硅调光搭配使用。

灯具参数

灯具编号	类型	光源	功率 /W	色温 /K	显色指数	光束角	功能区
C8E	装饰灯	/	150	2700	≥ 85	/	八层
C8J	可调角度射灯	LED	2×42	2700	≥ 85	20°	八层
LB-P	地埋灯	MR16	35	2700	≥ 85	24°	八层
C8F	壁灯	/	40	2700	≥ 85	/	八层
LC-T	灯带	LED	19.2	2700	≥ 85	/	八层
LLP	遥控导轨灯	LED	20	2700	≥ 90	8°	八层
C8D	装饰灯	/	120	2700	≥ 85	/	八层
C7N	台灯	/	60	2700	≥ 85	/	八层
C7J	落地灯	/	60	2700	≥ 85	/	八层
LA-P	可调角度射灯	MR16	20~35	2700	≥ 85	40°	十二层

灯具编号	类型	光源	功率 /W	色温 /K	显色指数	光束角	功能区
LA-1-P	筒灯	MR16	20~35	2700	≥85	40°	十二层
LC-1-P	灯管	T5	5.5	2700	≥85	/	十二层
LS-P	双头筒灯	MR16	2×35	2700	≥90	/	十二层
C12E	壁灯	/	40	2700	≥85	/	十二层
C12D	台灯	/	60	2700	≥85	/	十二层
C11F	落地灯	/	120	2700	≥85	/	十二层
C12B	装饰灯	/	1200	2700	≥85	/	十二层
LD-SPR	可调角度射灯（双头）	LED	2×9	2700	≥90	25°	十三层
LA-SPR	可调角度射灯	LED	9	2700	≥85	25°	十三层
LK-SPR	地埋灯	LED	6	2700	≥85	/	十三层
LH-SPR	地埋灯	LED	20	2700	≥85	30°	十三层
LA-P	可调角度灯	MR16	20~35	2700	≥85	40°	四十层
LA-1-P	筒灯	MR16	20~35	2700	≥85	40°	四十层
LC-1-P	灯管	T5	5.5	2700	≥85	/	四十层
LB-P	地埋灯	MR16	20~35	2700	≥85	24°	四十层
LN-P	明装可调角度射灯	MR16	35	2700	≥90	23°	四十层
C39A	装饰吊灯	/	240	2700	≥85	/	四十层
C39B	装饰吊灯	/	120	2700	≥85	/	四十层
C40B	台灯	/	60	2700	≥85	/	四十层
C40D	台灯	/	120	2700	≥85	/	四十层
C41A	装饰吊灯	/	360	2700	≥85	C41A	四十层

深圳观澜湖硬石酒店

Hard Rock Hotel Shenzhen

项目地点
深圳

设计单位
深圳普莱思照明设计顾问有限责任公司

主设计师
向刘

设计团队
孙艳、徐流云

设计背景与理念

深圳观澜湖硬石酒店坐落于知名的观澜湖国际休闲旅游度假区，是硬石酒店集团在中国开设的第一家品牌酒店，拥有 258 间奢华的客房和套房，每一间都坐拥宽广视野，极尽奢华之美。酒店以振奋的音乐、正宗的纪念品、创新的特色菜品，创造了一个尽情展示和体验摇滚热情的派对胜地。

室内灯光的塑造离不开空间，空间的完美体现需要灯光的点缀，通过对酒店室内设计语言的解读，将灯光与建筑空间及环境完美结合。灯光设计紧紧围绕"摇滚"这一主题概念，在色彩上多用变化的 RGB 多彩灯光，安装动态的 LED 屏，不同区域灯光照度不同，如同音符一样抑扬顿挫、高低起伏，力求打造一曲视觉上的"音乐盛宴"。

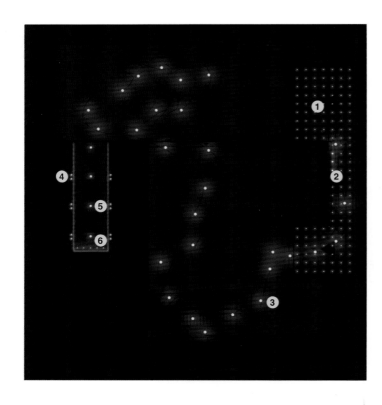

一层低层天花灯具
点位分析

1. 酒店门头灯，
LED，3W
2. LOGO 可调式射
灯，LED，12W，
光束角 10°
3. 定制天花
4. 门口下照式射灯，
LED，7W，光束角
24°
5. 过道方形面板，
MR16，LED，7W
6. 渲染天花，LED
暗藏灯带

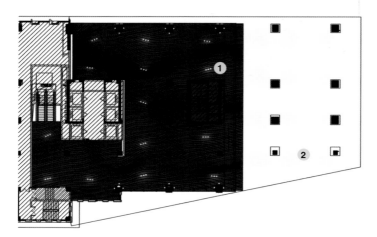

一层顶部天花灯具
点位分析

1. 酒店入口大厅
吊挂式栅格射灯，
QR111，4×50W
2. 户外雨棚金卤灯，
70W，PAR30

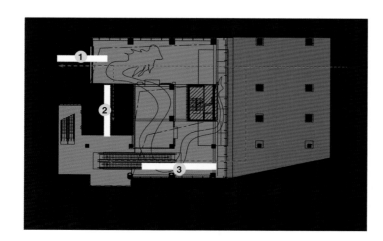

一层动线分析

1. 通往硬石商店
2. 电梯厅通往接待
大堂
3. 自动扶梯通往三
层宴会厅

分区照明解析

一、二层

一层是酒店的入口大厅，大厅的功能主要为导台区域、休息区域及主题音乐商店。大厅隔层天花中的金属龙造型最有特色，龙形装饰物以金属镲片为元素，灯光暗藏其中，在金属的反射下，熠熠生辉。

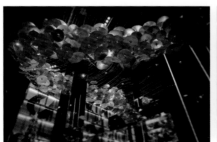

三层

三层主要为宴会及会议区域。作为人流比较集中的公共区域，灯光的营造既要起到动线导向作用，又需要满足宴会厅各灯光场景的要求。

宴会前厅（序厅）的灯光既要有前厅引导的延续性，又要有局部宴会厅的部分功能性。天花设置三套金属吊灯。在吊灯之间将筒灯以组合形式分布，让灯光富有节奏与序列感。

会议区域最有特点的是连接三层宴会厅至五层大堂的旋转楼梯。楼梯的台阶使用了彩釉玻璃。将灯光暗藏玻璃底部，将整个台阶打造成一个发光体，并随着音乐律动而变色。

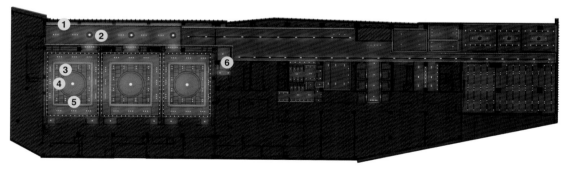

三层宴会厅天花灯具
点位分析

1. 渲染天花洗墙灯，
36W/m，LED
2. 过道下照式筒灯，75W
3. 餐桌调节式筒灯，75W
4. 墙面可调节式射灯，
QR111，50W，光束角10°
5. 渲染天花暗藏灯带，
LED(RGB)
6. 镜面可调节式射灯，
MR6，50W，光束角24°

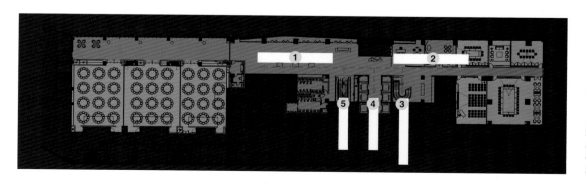

三层动线分析

1. 通往宴会厅
2. 通往会议室
3. 通往四层酒店大堂
4. 通往电梯厅
5. 通往一层大厅

四层

四层的右半部分为大堂及大堂吧，左侧为全日餐厅。

大堂的设计富有特色，接待台背朝大堂。顾客在前台可透过窗户将景色一览无余。前台后方挂有许多纪念版的小吉他，灯光从吉他的顶部及底部进行铺设。两侧挂着各种纪念版的摇滚服、黑胶唱片，音乐感十足。

大堂吧的天花采用镜面装饰。灯光沿着环形镜面的边沿透出来，所构成的连续图案富有魅力。

餐厅的灯光更多地注重氛围的营造。餐桌及取餐台的重点照明与周围环境的氛围照明形成了一个恰到好处的对比，让人感觉舒适并富有情调。

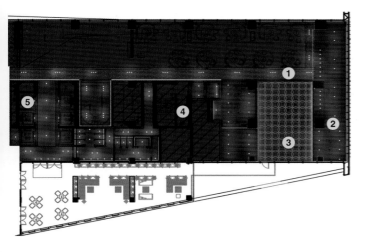

四层大堂及大堂吧天花灯具点位分析

1. 过道下照式筒灯，LED，7W，光束角24°
2. 台面可调节式射灯，MR16，50W，光束角24°
3. 渲染天花暗藏灯带，LED
4. 过道墙面洗墙灯，LED，18W
5. 过道方形面板，MR16，LED，7W

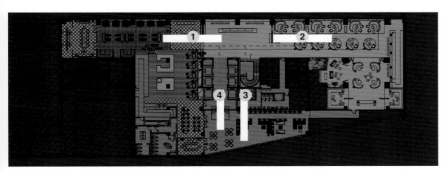

四层动线分析

1. 通往餐厅
2. 通往大堂吧
3. 通往三层宴会厅／会议厅
4. 通往电梯厅

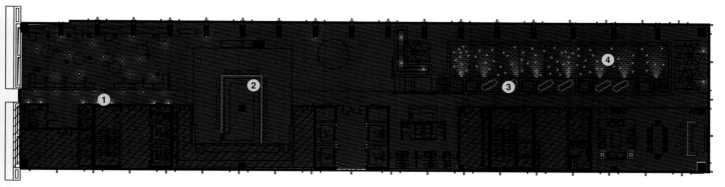

顶层平面灯具点位分析

1. 墙面埋灯，LED，6W
2. 台面暗藏灯带，LED
3. 泳池水底灯，LED，9W
4. 泳池底部光线灯

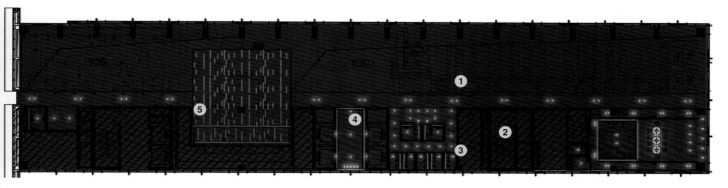

顶层天花灯具点位分析

1. 地面下照式筒灯
2. 吧台墙面 LED（RGB）灯带
3. 过道下照式筒灯，MR16，LED，5W，光束角 24°
4. 镜面可调节式射灯，MR6，50W，光束角 24°
5. 桌面格栅灯，QR-CB51，2×50W

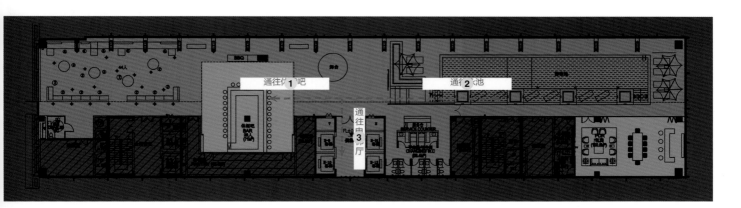

顶层动线分析

1. 通往休闲吧
2. 通往泳池
3. 通往电梯厅

顶层
顶层为泳池及酒吧区域。

相关参数

控制系统
可控硅、DMX512。

灯具参数

灯具编号	类型	光源	功率	开孔直径	功能区
D7	可调角度无边格栅射灯	MR16	50W	75mm	一层、五层儿童活动室、五层卫生间
D8	LED 嵌入式筒灯	MR16	7W	75mm	一层、五层大堂、五层电梯厅
D13	可调角度嵌入式筒灯	PAR30	75W	75mm	一层、五层大堂

灯具编号	类型	光源	功率	开孔直径	功能区
L3	LED 线性硬条灯	/	14.4W/m	/	一层
P1	花灯	/	2×2000W	/	一层
D4	吊挂式栅格射灯	QR111	4×50W	905×188mm	二层
D1	嵌入式灯	CDM-T	70W	150mm	二层
D2	嵌入式灯	PAR30	75W	150mm	三层宴会序厅
D5	无边格栅射灯	QR-CB51	2×50W	209×104mm	三层商务中心、休息室、会议室，屋顶包房
D5b	无边格栅射灯	QR-CB51	50W	104×104mm	三层商务中心、休息室、会议室、行政酒廊
P3	花灯	/	100W	/	三层商务中心、休息室、会议室
D5a	LED 无边格栅射灯	QR-CB51	2×5W	209×104mm	三层过道
D17	LED 可调角度嵌入式 RGB	/	3W	76mm	三层过道、五层大堂
S1	LED 地埋灯 RGB	/	6.21W	98mm	三层过道、屋顶游泳池
D9	LED 可调节角度嵌入式灯	MR16	7W	75mm	四层全日餐厅、五层大堂
L4	LED 线性硬条灯	/	14.4W/m	/	四层全日餐厅、五层儿童活动室、五层卫生间
D6	嵌入式灯	MR16	50W	75mm	四层大堂
L2	LED 线性洗墙灯（RGB）	/	27×1W	1.2m	四层大堂
L5	LED 线性灯（RGB）	/	14.4W/m	/	五层大堂
P2	花灯	/	1000W	/	五层大堂
D11	嵌入式灯（防雾）	MR16	7W	75mm	五层电梯厅
P4	花灯	/	50W	/	五层卫生间、五层儿童活动室、五层卫生间
D20	投光灯	CMH-TT	250W	/	屋顶游泳池
S3	LED 水底灯	装饰吊灯	7.5W	102mm	屋顶游泳池

CHAO 之光

CHAO Hotel

项目地点
北京

室内灯光设计单位
大观国际设计咨询有限公司

主设计师
王彦智

设计团队
郑庆来、任慧、齐新

建筑设计单位
北京花旗建设有限公司
德国 gmp 国际建筑设计有限公司

室内设计单位
北京花旗建设有限公司

摄影师
舒赫

设计背景与理念

CHAO，即"巢"，一个集社交、生活方式体验与私人定制于一体的平台，为生活鉴赏家提供全新生活方式，是他们私生活之外的另一巢栖之地。优质的光环境体验更是让这里充满神奇与神秘。

CHAO 是一家精品体验式酒店，坐落在繁华的三里屯。180 间客房，5 种房型的设计灵感源自动物栖息的"巢"，其设计采用的是一种多层次、多元化的空间策略，通过运用不同材料、色彩和元素来呈现历史韵味和时代活力。CHAO 酒店的改造已经成为老酒店改造成新酒店的典范。

CHAO 不同于一般的酒店，除了具备传统酒店应有的功能外，还专门设计有图书墙、地下展览室、舞台，未来可以举办展览、酒会，以及各种各样的活动。这让 CHAO 多了一分人文与社交的气息，更贴近艺术和生活。其中照明设计充分考虑了酒店的这些基本功能和艺术氛围需求，设计师将光影变幻、艺术潮流、人文气息充分结合起来。从走近酒店开始，漫步穿行于整个酒店，灯光都在细微处为客人营造一种空间体验层次上的惊喜感。

如今酒店整体光环境成为决定酒店品质的重要因素，别具匠心的灯光环境，形态完美地融合于建筑和环境之中。在这个颇具文艺气息的创享空间中，灯光设计不再是简单地平铺直叙，而是利用明暗、强弱，节奏生动，光色迷离，为这个极具魅力的交互式社交体验平台打造出惬意甚至迷幻，"CHAO"味十足的非凡体验。

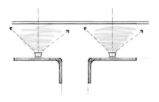

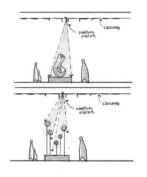

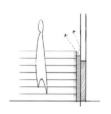

大堂灯光示意图

分区照明解析

酒店入口

在红街旁，走过长长的欧式长廊，柳暗花明地一个转弯，就走到了CHAO酒店入口。与建筑的清冷风格相对应，入口门头的设计非常别出心裁，灯光上选择使用低色温的暖黄光，让人很容易被内部透露出的温暖吸引。

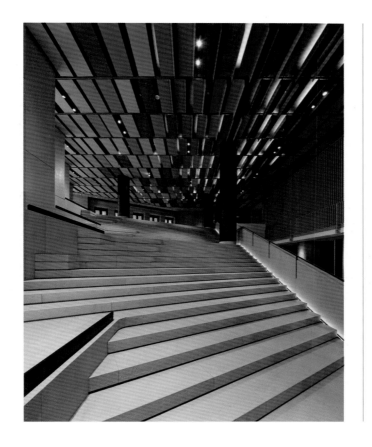

大堂中厅

与酒店入口形成鲜明的明暗对比的大堂中厅，则使客人进入酒店后，立刻有一种豁然开朗的感觉。

如果说客房是一间酒店的灵魂所在，那么公共空间则是串联起一座酒店的律动脉搏。CHAO 酒店的大堂中厅是阶梯式、空间感十足的开敞设计，别具一格，组织连接各个室内其他空间。灯光设计打破所有传统界限，借鉴公共建筑的室内设计手法，并将户外照明与美术馆的灯光设计理念很好地融入进来，摒弃传统酒店设主装饰灯做法，顶部疏密排布的像素感布艺天花设计俨然成为空间视觉的焦点，通过线性灯背光处理，整个天花飘浮起来，形成一幅完整的后现代主义画作。

一层餐厅酒吧

设计可以像音乐，又或者像诗歌。
CHAO 的餐厅设计想要传达更多的是
情感，一种氛围的营造，一种细腻的
感情设计，充分利用建筑的空间。一
层餐厅酒吧天花采用金属材质的蜡烛
灯具，极具现代工业感，灯光采用更
为灵活的轨道照明方式，装饰天花与
桌面，吧台上整面超大尺度的发光吊
顶天花，用梦幻的灯光营造出属于夜
晚的迷离与沉醉。

二层书吧餐厅

二层书吧餐厅主要服务于入住酒店的客人。空间内设有书柜和酒柜，这使餐厅的立面整齐而又丰富，灯光着力刻画立面的细节，让平常的餐饮交流空间充满浓浓的书香味。

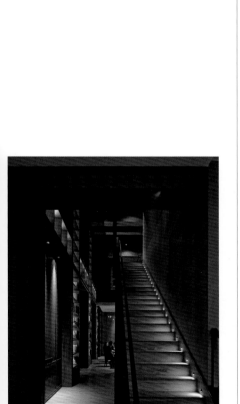

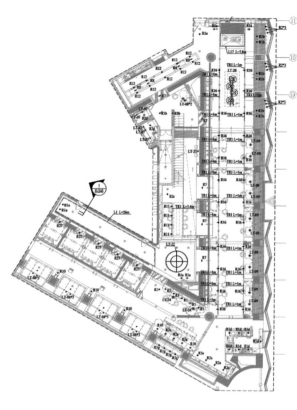

二层书吧餐厅
灯具点位分析

功能照明灯具:
LED , 12W,
光束角 10° +50° ,
3000K
LED , 15W,
光束角 24° , 3000K
线性照明灯具:
LED , 10.5W/m,
光束角 120° , 2700K
LED , 6W/m,
光束角 120° , 2700K

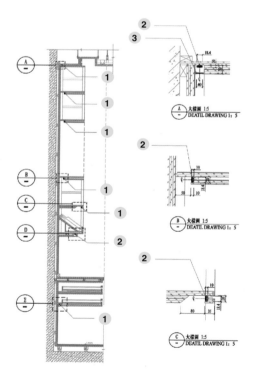

A — 大样图 1:5
  DEATIL DRAWING 1: 5

B — 大样图 1:5
  DEATIL DRAWING 1: 5

C — 大样图 1:5
  DEATIL DRAWING 1: 5

二层书吧餐厅
灯具节点分析

1. L1 LED 灯带
2. L1 LED 灯带,
10.5W/m, 2700K (带
PVC 槽,磨砂罩)
3. 奶白亚克力片,节
点需由室内设计深化

日光礼堂

日光礼堂是酒店最别致的空间，灯光设计化繁为简，为不破坏顶部的通透感，建筑顶部没有使用一盏筒灯，仅用两侧壁灯将空间的形式美感渲染得淋漓尽致，立面的发光墙面可以为各类活动或艺术展览提供令人印象深刻的场景与多元可能性。

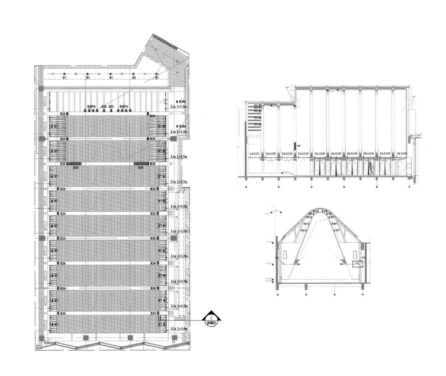

日光礼堂灯具点位分析

功能照明灯具：
LED ，24W，洗墙灯，4000K
LED ，10W，筒灯，光束角34°，3000K
线性照明灯具：
LED ，10.5W/m，光束角120°，2700K

总统套房

区别于其他酒店的总统套房，这里是各类时尚聚会的首选。空间设计非常适合举行派对。台阶照明采用线性灯将台阶连接处均匀洗亮，营造一种温馨如家的氛围。

总统套房餐厅

白色的餐厅给人一种静谧神圣的感觉，树叶的造型很轻盈诗意，为空间增添极致浪漫的氛围。

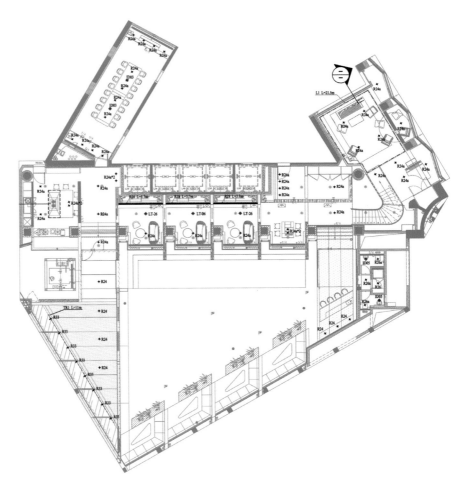

总统套房和总统套房餐厅灯具点位分析

功能照明灯具：

LED ，15W 筒灯，光束角 36°，3000K

LED ，8W 筒灯，光束角 36°，3000K

线性照明灯具：

LED ，10.5W/m，光束角 120°，2700K

相关参数

灯具参数

灯具编号	类型	功率	光束角	色温 /K	应用位置
R1b	LED 嵌入式可调筒灯	10W	36°	3000	大堂天花、二层书吧餐厅天花、总统套房天花
R1g	LED 嵌入式可调筒灯	10W	24°	3000	大堂天花、二层书吧餐厅天花、总统套房天花
R8	LED 嵌入式筒灯	10W	48°	3000	大堂天花、二层书吧餐厅天花、总统套房天花
R11	LED 路轨灯	6W	/	3000	大堂天花、二层书吧餐厅天花
L1	LED 线性灯带	10.5W/m	120°	2700	大堂天花、二层书吧餐厅天花、总统套房天花
R2b	LED 嵌入式可调筒灯	7W	36°	3000	大堂天花
R9	LED 嵌入式可调筒灯	10W	34°	3000	大堂天花
R27	LED 嵌入式筒灯	1W	40°	3000	大堂天花
R33	LED 路轨灯	12W	40°	3000	大堂天花
R50	LED 明装射灯	2.2W	12°	3000	大堂天花
R1b	LED 嵌入式可调筒灯	10W	36°	3000	一层展厅天花
R33	LED 路轨灯	12W	40°	3000	一层展厅天花
R1	LED 嵌入式可调筒灯	10W	36°	3000	一层餐厅酒吧天花
R40	LED 明装射灯	19W	10°	3000	一层餐厅酒吧天花
R41	LED 明装射灯	9.8W	40°	3000	一层餐厅酒吧天花
R57	LED 嵌入式筒灯	7W	15°	3000	一层餐厅酒吧天花

灯具编号	类型	功率	光束角	色温 /K	功能区
L15	LED 灯带	/	/	/	一层餐厅酒吧天花
R1	LED 嵌入式可调筒灯	10	36°	3000	二层书吧餐厅天花
R2	LED 嵌入式可调筒灯	7	36°	3000	二层书吧餐厅天花
R7	LED 嵌入式筒灯	10	34°	3000	二层书吧餐厅天花
R12	LED 洗墙灯	22.8	/	3000	二层书吧餐厅天花
R11	LED 路轨灯	6	/	3000	二层书吧餐厅天花、大堂天花
R16	LED 路轨灯	12	/	3000	二层书吧餐厅天花、大堂天花
R27	LED 嵌入式筒灯	1	40°	3000	二层书吧餐厅天花
L1a	LED 线性灯带	10.5W/m	120°	2700	二层书吧餐厅天花
L17	LED 线性灯带	16W/m	/	4000	二层书吧餐厅天花
R1	LED 嵌入式可调筒灯	10	36°	3000	日光礼堂天花
R7	LED 嵌入式筒灯	10	34°	3000	日光礼堂天花
R29a	LED 嵌入式筒灯	4.2	34°	3000	日光礼堂天花
R34	LED 嵌入式洗墙灯	24	/	4000	日光礼堂天花
R35	LED 明装射灯	26	34°	3000	日光礼堂天花
R39	LED 嵌入式可调角度射灯	19	46°	3000	日光礼堂天花
L1a	LED 线性灯带	10.5W/m	120°	2700	日光礼堂天花
R24	LED 嵌入式可调筒灯	15	36°	3000	总统套房天花
R26	LED 嵌入式可调筒灯	8	36°	3000	总统套房天花
R28	LED 联排洗墙灯	5	24°	3000	总统套房天花
R33	路轨射灯	12	29°	3000	总统套房天花

南昌万科华侨城欢乐海岸展示中心

Nanchang Vanke OCT Happy Coast

项目地点
南昌

业主单位
华侨城（南昌）实业发展有限公司

设计单位
上海日清建筑设计有限公司

设计团队
宋照青、赵晶鑫、李哲翔、邵诗晨

室内设计单位
上海乐尚装饰设计工程有限公司

室内设计团队
周平、龚坤

灯光设计单位
上海麦索照明设计咨询有限公司

灯光设计团队
金珠、王俊、李志业

摄影师
行知建筑

设计背景与理念

南昌万科华侨城位于朝阳新城象湖西岸，项目遵循生态环保、绿色低碳、自然友好理念，力求将项目打造成南昌可持续发展的标杆之作，一座划时代的地标级城市会客厅。

以开放式图书馆造型打造展示中心，设计理念出自北宋皇帝赵恒"书中自有黄金屋"的诗句。将图书这一元素加入展示中心的室内空间设计，给展示中心的室内空间增加了文化内涵，让空间的氛围感受更加多元。

分区照明解析

门厅照明

门厅用简洁的灯光塑造空间，表现出空间的立体感。格栅间隔被依次洗亮，灯光富有节奏。在迎宾台上方，艺术化的灯具设计、朦胧虚化的山水意象，打破了规整的方形空间的单调感，活跃了空间的氛围，为空间增添了艺术气息。

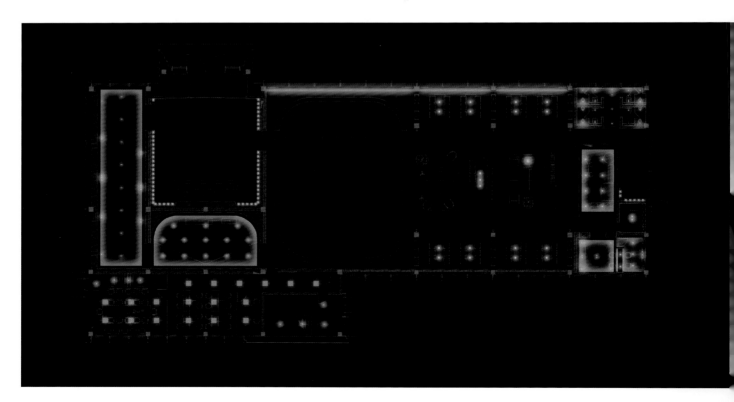

一层灯具布置图

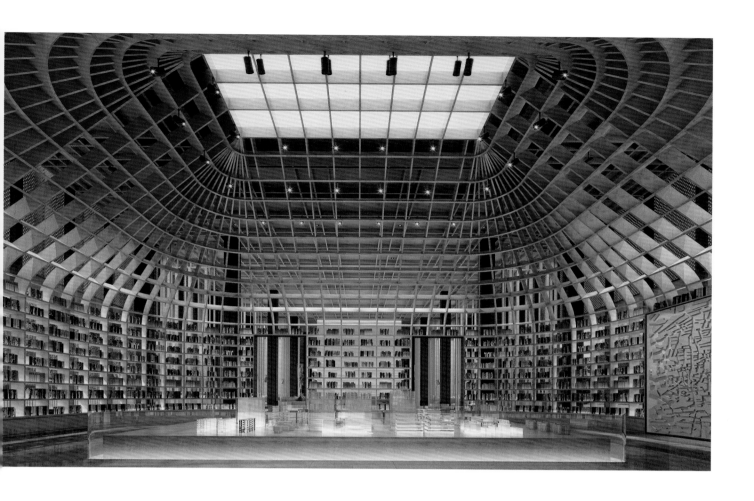

模型区照明

书架包裹模型区，形成独立的空间，书架上密布的图书给人庄重的心理感受。空间的上部灯光把书架层层洗亮，让舒适柔和的暖黄光环绕飘浮在空间中，营造舒适、开阔的心理感受，天花上的筒灯照亮空间底部的项目模型，使其清晰而不突兀，让空间上下的亮度有所呼应，在视觉游览上更有节奏，同时切合了"书中自有黄金屋"的设计理念。

洽谈区照明

洽谈区陈设优雅，极具品质，走进这里，更像是一个家里的客厅，灯光低调地塑造空间的形象，均匀的光从天花洒下，忠实地还原室内优雅的格调，唤起人们对品质生活的向往。灯光洗亮"客厅"的书架，让空间有了方向感。在此，取一本书，静坐窗前，远离喧嚣，度过一段阅读时光，仿佛就像在自家的书房一样轻松惬意。

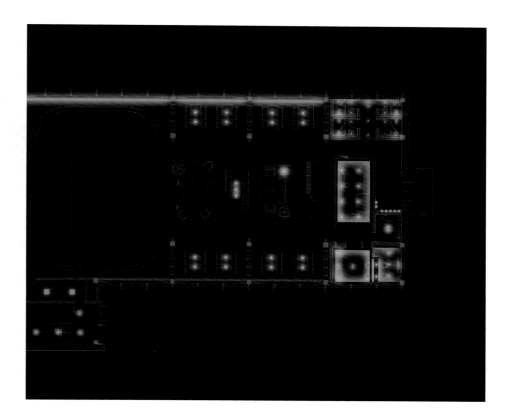

洽谈区灯具布置图

相关参数

控制系统
智能控制系统。

色温 2700~4000K。

设计手法
利用环境光照亮空间，呈现室内空间
的舒适氛围，同时对局部空间进行重
点照明，突出室内设计主题，营造富
有层次的光环境。

照度

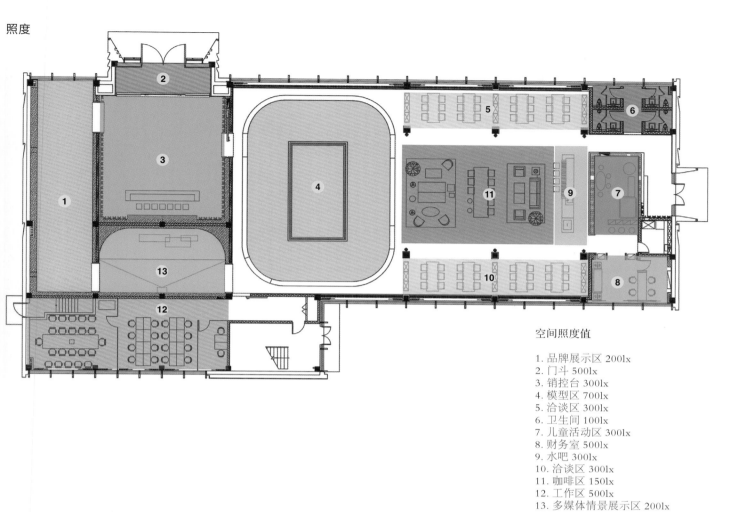

空间照度值

1. 品牌展示区 200lx
2. 门斗 500lx
3. 销控台 300lx
4. 模型区 700lx
5. 洽谈区 300lx
6. 卫生间 100lx
7. 儿童活动区 300lx
8. 财务室 500lx
9. 水吧 300lx
10. 洽谈区 300lx
11. 咖啡区 150lx
12. 工作区 500lx
13. 多媒体情景展示区 200lx

相关参数

灯具参数

灯具名称	光源类型	功率	光束角	色温	防护等级	显色指数	应用位置
可调角度 LED 射灯	LED	16W	24°	3000K	IP66	>90	洽谈区
可调角度 LED 射灯	LED	10W	24°	3000K	IP66	>90	洽谈区
单口格栅射灯	LED	12W	60°	3000K	IP66	>90	模型区
双口格栅射灯	LED	2×12W	60°	3000K	IP66	>90	门厅
双口格栅射灯	LED	2×20W	24°	3000K	IP66	>90	模型区
筒灯	LED	9W	60°	3000K	IP66	>90	走廊
明装筒灯	LED	10W	120°	白色	IP66	>90	楼梯间
LED 灯带	LED	14/10/3.5W	120°	白色	IP66	>90	天花
控制要求：智能控制							

保利鱼珠港办公销售中心

Poly Yuzhu Office Sales Center

项目地点
广州

灯光设计单位
大观国际设计咨询有限公司

灯光设计团队
王彦智、任慧、陈凯旋

业主单位
保利房地产（集团）股份有限公司

室内设计单位
广州名艺佳装饰设计有限公司

软装设计及制作单位
广州市置美优合艺术设计有限公司

建筑面积
约 184,414 ㎡

摄影师
冯建、林州烯、深圳市视方摄影有限公司

设计背景与理念

保利鱼珠港项目（荣获 2017 年美国 LIT 办公空间类国际照明设计奖）地处广州"东进"战略——黄埔临港经济圈最核心位置，以构建比肩世界的城市港湾为使命，保利鱼珠港的定位为集居住、商业、娱乐、办公于一身的优质城市综合体，涵盖奢华型酒店、超甲级写字楼、大型购物中心等，是保利集十余年综合体开发经验的重量级作品。此次设计为北区 A2 塔楼办公销售中心，涵盖集创意办公、超甲级写字楼以及公寓为一体的展示空间。

针对此办公销售中心项目的照明设计，设计师抛开传统办公照明追求照度、均匀度的绝对值的所谓限定，融入酒店照明的设计手法以及视觉感受，对空间照明的色温、亮度、均匀度等进行重新思考与应用，手法极简，但内容丰富，凸显出空间设计的独特气质和精致品位。

保利鱼珠港办公销售中心整体营造的是一个黑白空间，辅以亮色装饰点缀，设计简约个性。在简洁明快、层次分明的基础灯光铺陈下，灯光设计其实着重强调了对每一处精心挑选与布置的艺术品的处理，这些给人惊喜的小角落，与空间相映成趣，为员工营造出了一种充满生机与想象力的工作环境。

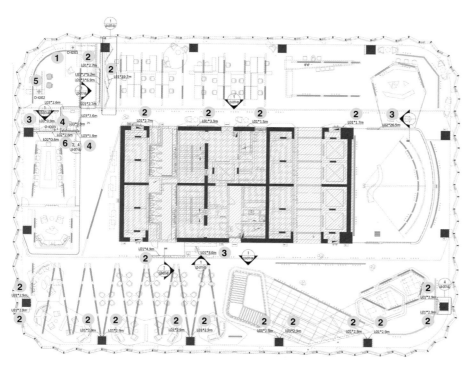

七层平面家具照明定位图

1. 装饰灯 O-ID01
2. 线性灯带 L01，LED，6W/m，92.7m，3000K
3. 线性灯带 L02，LED，10.5 W/m，30.7m，3000K
4. 线性灯带 L03，LED，5.52 W/m，8.9m，3000K
5. 装饰灯 O-ID02
6. 装饰灯 O-ID03

分区照明解析

销售接待区

销售接待区正对电梯厅，室内的设计手法融合龙门吊、铁轨等工业遗迹，并与前沿的建筑形式重新融合，焕发空间新的生机。在灯光设计中，设计师延续室内设计视觉的新鲜感受，采用背光手法照亮立面竖形白色屏风，与工业感铁锈艺术品形成剪影效果，空间黑、白、灰三个色调浑然一体，灯光也成为空间材质的一部分。

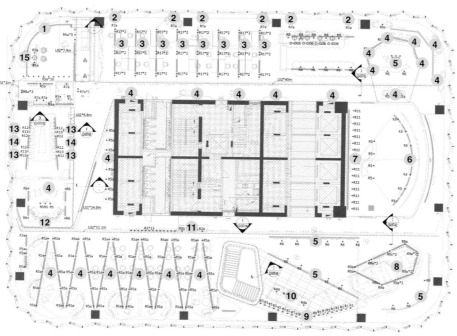

七层天花照明定位图

1. 嵌入式可调筒灯 R5，LED，8.6 W，光束角 35°，3000K
2. 嵌入式可调筒灯 R7a，LED，10.2 W，光束角 35°，3000K
3. 明装射灯 R17，LED，10W，光束角 33°，3000K
4. 嵌入式筒灯 R5a，LED，8.6 W，光束角 35°，3000K
5. 嵌入式可调筒灯 R6，LED，8.6 W，光束角 42°，3000K
6. 嵌入式可调筒灯 R3，LED，6.4 W，光束角 42°，3000K
7. 嵌入式可调筒灯 R11，LED，10 W，光束角 42°，3000K
8. 嵌入式可调筒灯 R9a，LED，17.8 W，光束角 42°，3000K

9. 嵌入式可调筒灯 R1，LED，6.4W，光束角 15°，3000K
10. 嵌入式可调筒灯 R4a，LED，8.6 W，光束角 30°，3000K
11. 嵌入式可调筒灯 R2a，LED，6.4 W，光束角 30°，3000K
12. 嵌入式可调筒灯 R6a，LED，8.6 W，光束角 42°，3000K
13. 轨道灯 R12，LED，9W，光束角 26°，3000K
14. 轨道灯 R13，LED，15 W，光束角 48°，3000K
15. 装饰吊灯 O-ID07

七层 U 形楼梯剖面节点

几何线条修饰的立面竖形屏风结合 U 形楼梯洽谈区将接待区巧妙地分开，采用尊贵的磨砂黑色搭配简洁流畅的线条以及黑白波浪形块面，因此灯光着重强调白色立面立体层次感，黑色的部分采用 LED 线性灯带勾勒 U 形人流动线。

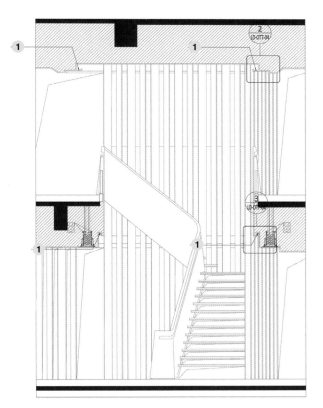

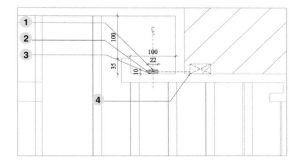

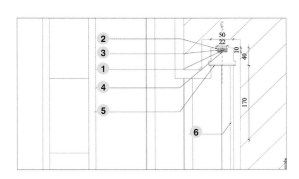

七层 U 形楼梯剖面节点图

1. L02 线性灯带，LED，10.5W/m，3000K
2. PVC 安装卡件 LFP-RL1000
3. 亚力克安装卡件 LFP-RC
4. 变压器就近隐藏放置
5. 乳白色亚克力，透光率不低于 60%
6. 白色乳胶漆

洽谈区

洽谈区摒弃常见的均亮高照度的照明
手法,沿天花造型线条布置灯具。利
用明暗有序的节奏形成随意轻松且私
密的洽谈环境。不规则的天花造型对
灯具的要求更高,每个桌面的照度都
应保持一致,不管是在组合式沙发区
还是在散座区域,视觉感受都能够保
持统一。

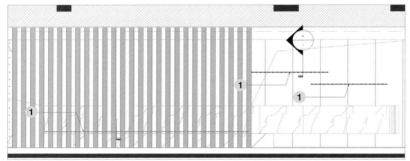

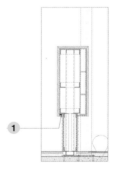

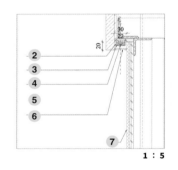

1:5

七层洽谈区剖面节点图

1. L01 线性灯带,LED ,6W/m,3000K
2. PVC 安装卡件 LFP-RL1000
3. 亚力克安装卡件 LFP-RC
4. L02 线性灯带,LED ,10.5W/m,3000K
5. 变压器就近隐藏放置
6. 乳白色亚克力,透光率不低于 60%
7. 银镜

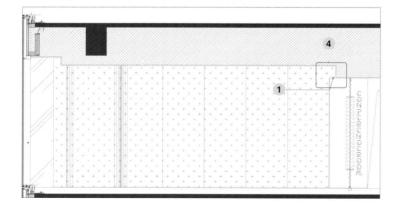

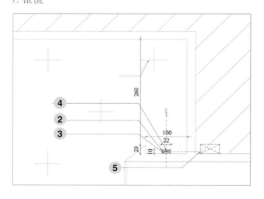

水吧台

水吧台立面与卫生间洗手台浑然一体，为了保持空间天花整洁，走道上没有安装任何灯具，而是统一将灯具暗藏在走道与洽谈区天花的槽内，采用切光手法满足水吧台与洗手台面照度需求，水吧台背面结合层板用 LED 线性灯带让层板表面发光，与水吧台造型相呼应。

创意办公与洽谈区的连通走廊

连通走廊采用不规则的斜线对空间进行切分，采用线性暗藏灯槽的流线指引人流，同时采用非常规的手法选择照亮靠核心筒一面艺术装置区域，而VIP 室以及大会议室的一面选择不表现，因此整条走廊就形成了黑白搭配的视觉反差。

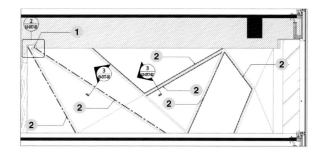
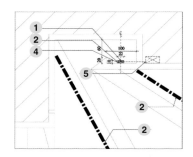

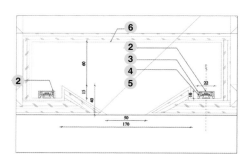
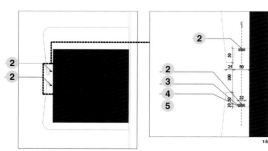

七层办公区剖面节点图 1

1. L02 线性灯带，LED，10.5W/m，30
2. L01 线性灯带，LED，6W/m，3000
3. PVC 安装卡件 LFP-RL1000
4. 亚力克安装卡件 LFP-RC
5. 变压器就近隐藏放置
6. 白色烤漆

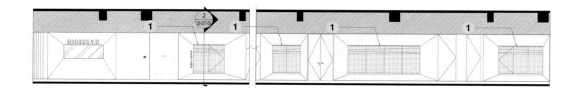

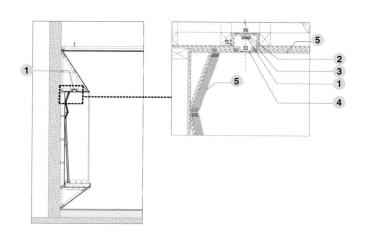

七层办公区剖面节点图 2

1. L02 线性灯带，LED，10.5W/m，300
2. PVC 安装卡件 LFP-RL1000
3. 亚力克安装卡件 LFP-RC
4. 乳白色亚克力，透光率不低于 60%
5. 皮革（硬包）

创意办公样板区与标准走道

黑漆立面与白色茶几座椅相映成趣，幻化出现代高科技材料的光洁感，酷感十足。深色地面、白色天花与黑色立面、白色地面，让这个空间一半是肃穆的，一半是活泼的，营造了一个效率与放松兼得的设计空间。大面积地利用深色材质，与暖白色光搭配将空间的开放式设计体现得淋漓尽致，反映出办公企业运作的公开氛围，给人一种严谨而又不失轻松的职业化形象。

创意办公区前台与洽谈区

整个创意办公区没有任何的隔断，利用灯光层次制造出一种视觉的通透感。偌大的落地窗，将室外的暖阳引入室内的同时，也将人们的视野扩展到整个城市。员工工作闲暇之余，可将满城风景尽收眼底，"坐看风云变幻"，心胸顿觉舒畅。

总经理室

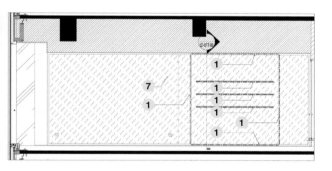

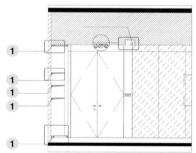

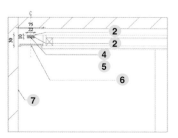
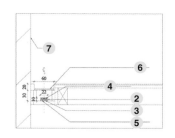
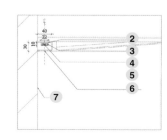

七层总经理室剖面节点图

1. L01 线性灯带，LED，6W/m，3000K
2. PVC 安装卡件 LFP-RL1000
3. 亚力克安装卡件 LFP-RC
4. L02 线性灯带，LED，10.5W/m，3000K
5. 变压器就近隐藏放置
6. 乳白色亚克力，透光率不低于 60%
7. 墙纸

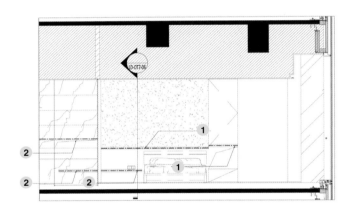

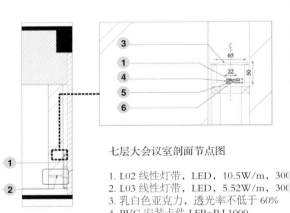

七层大会议室剖面节点图

1. L02 线性灯带，LED，10.5W/m，300
2. L03 线性灯带，LED，5.52W/m，300
3. 乳白色亚克力，透光率不低于 60%
4. PVC 安装卡件 LFP-RL1000
5. 亚力克安装卡件 LFP-RC
6. 变压器就近隐藏放置
7. 固定支架 KKCP-02
8. L03 线性灯带，LED，5.52W/m，250
9. 雅士白（亚光面）
10. 打砂镀黑色不锈钢

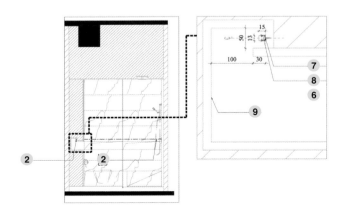

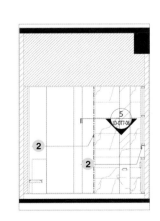

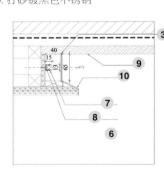

相关参数

灯具参数

灯具编号	类型	功率	光束角	色温 /K	功能区
R2a	LED 嵌入式可调筒灯 Ra ≥ 90	6.4W	30°	3000	水吧台
R3	LED 嵌入式可调筒灯 Ra ≥ 90	6.4W	35°	3000	影音室
R11	LED 嵌入式可调筒灯 Ra ≥ 90	10W	42°	3000	影音室
R4a	LED 嵌入式可调筒灯 Ra ≥ 90	8.6W	30°	3000	艺术前厅
R1	LED 嵌入式可调筒灯 Ra ≥ 90	6.4W	15°	3000	洽谈区
R6a	LED 嵌入式可调筒灯 Ra ≥ 90	8.6W	42°	3000	VIP 室
L01	LED 线性灯带 Ra ≥ 90	6W/m	120°	3000	办公区
R9a	LED 嵌入式可调筒灯 Ra ≥ 90	17.8W	42°	3000	办公区、沙盘模型区
R5a	LED 嵌入式可调筒灯 Ra ≥ 90	8.6W	35°	3000	洽谈区、办公区、VIP 室、总经理室
R5	LED 嵌入式可调筒灯 Ra ≥ 90	8.6W	35°	3000	办公区、VIP 室、总经理室、公共过道
R6	LED 嵌入式可调筒灯 Ra ≥ 90	8.6W	42°	3000	办公区、模型区、卫生间
R7a	LED 嵌入式可调筒灯 Ra ≥ 90	10.2W	35°	3000	总经理室、卫生间
R8	LED 嵌入式可调筒灯 Ra ≥ 90	15W	42°	3000	讨论吧台
R12	LED 嵌入式可调筒灯 Ra ≥ 90	9W	26°	3000	会议室
R13	轨道灯 Ra ≥ 95	15W	48°	3000	会议室
R14	LED 嵌入式可调筒灯 Ra ≥ 90	10W	32°	3000	公共过道
R10	LED 嵌入式可调筒灯 Ra ≥ 90	10W	/	3000	电梯前厅
R15	LED 嵌入式可调筒灯 Ra ≥ 90	30W	94°	4000	八层
R16	LED 嵌入式可调筒灯 Ra ≥ 90	0.6W	/	2700	八层公寓
R17	明装射灯 Ra ≥ 90	10W	33°	3000	七层办公区
L02	LED 线性灯带 Ra ≥ 90	10.5W/m	120°	3000	七层部分区域、电梯前厅
L03	LED 线性灯带 Ra ≥ 90	5.52W/m	70°	2500 ～ 3000	睡房、七层大会议室

丝芙兰北京国贸店

SEPHORA China World Mall

项目地点
北京

设计单位
上海慕濑照明设计有限公司

设计团队
左旋、文宏昌

设计背景

项目位于北京国际贸易中心，北京国际贸易中心位于中央商务区的核心地段，是全北京高端零售的标志性商场。

丝芙兰是全球最大的高端美妆零售平台。丝芙兰北京国贸店是该品牌在北京的第一家概念店，旨在创造一个更加个性化、数字化、社交化的全新美妆体验空间，科技感十足。

在"沉浸式"美妆体验的环境中，照明也和以往的商业空间有了一定的区别。不仅仅是简单地照亮商品，还要兼顾品牌元素的表现，和顾客长时间停留时的感受。

设计理念

(1)光互相之间的关系。在整体空间中，光需要一定的对比与平衡。既要能够表现商品陈列，又要兼顾挑选商品时的感受。因此确定了1：3的光线对比关系。通过通道等较弱环境光，反衬较强的表现商品的光。

(2)较高的灯光显色性。与其他商业空间不同，丝芙兰的商品品类与色彩更加丰富。顾客挑选化妆品时对颜色的要求比其他商品更高。除了更高的平均显色性，也要求更高的对红色的还原性。

(3)黑白线条是丝芙兰的重要的品牌元素。因此根据动线在天花上布置了弧形的线性灯具。除了具有凸显品牌元素的作用外，也有路线指引的效果。

(4)每周丝芙兰北京国贸店都会配有美妆顾问，推出"迷你彩妆秀"。化妆区域是顾客需要坐下来体验彩妆秀过程的区域。考虑到这样的互动活动，因此此区域的照明使用了发光膜天花，为体验者提供一个柔和、明快的灯光环境。同时顶部的发光天花可以分段调光，根据要求，以及活动与非活动时段的状态，让灯光达到需要的亮度。

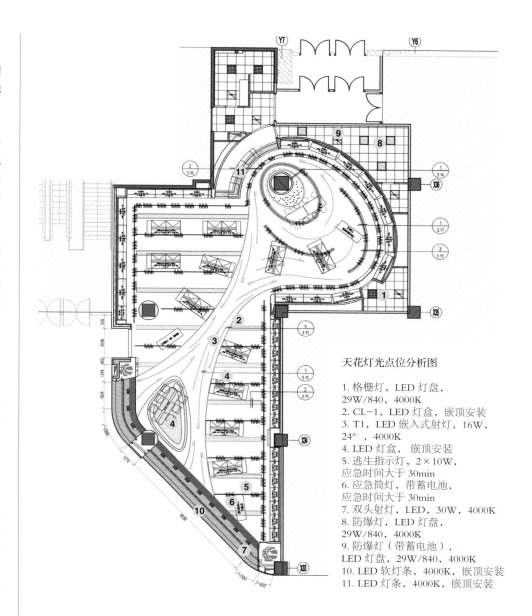

天花灯光点位分析图

1. 格栅灯，LED 灯盘，29W/840，4000K
2. CL-1，LED 灯盒，嵌顶安装
3. T1，LED 嵌入式射灯，16W，24°，4000K
4. LED 灯盒，嵌顶安装
5. 逃生指示灯，2×10W，应急时间大于 30min
6. 应急筒灯，带蓄电池，应急时间大于 30min
7. 双头射灯，LED，30W，4000K
8. 防爆灯，LED 灯盘，29W/840，4000K
9. 防爆灯（带蓄电池），LED 灯盘，29W/840，4000K
10. LED 软灯条，4000K，嵌顶安装
11. LED 灯条，4000K，嵌顶安装

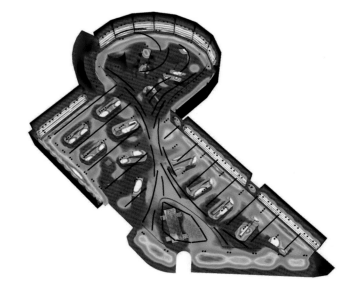

整体照度关系

通道 750lx 是合适的亮度，建议货柜立面照度控制在 3000~4000lx，保持整体对比 1：3 或者 1：4 左右

分区照明解析

入口区域

入口处红色区域内为黑色门楣，中间有卷闸门线，没有安装灯具的空间，但入口处需要提高照度以吸引人，因此在白色天花处增加嵌入式射灯。

入口处均匀度足够，1500~2200lx 可以满足要求。

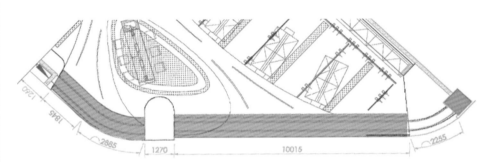

入口处灯光点位分布图

中场区域

从较远的轨道上选择个别射灯打亮中岛柜入口方向的陈列。

考虑远距离（轨道到中岛柜直线距离1500mm左右）射灯会有眩光的问题，此处的几个射灯增加蜂窝片。

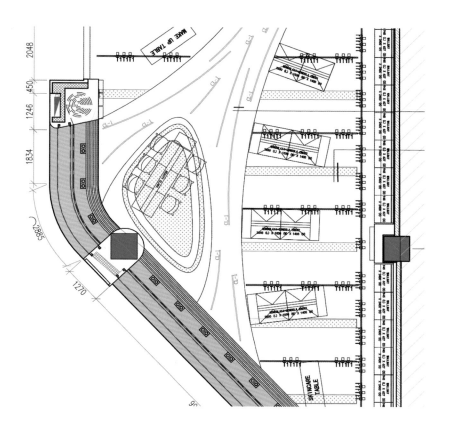

中场区域灯光点位分布图

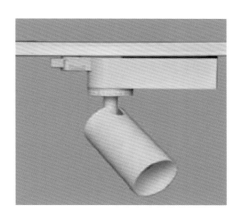

轨道射灯参数要求

功率：30W
色温：4000K
角度：24°
显色性：Ra>90
光效 >90lm/W

嵌入式条形灯参数要求

功率：15W/30W
长度：600mm/1200mm
色温：4000K
显色性：Ra>90
光效 >80lm/W

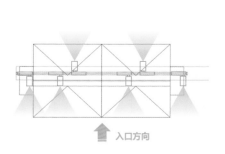

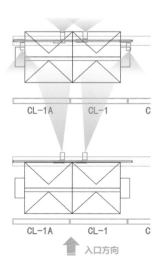

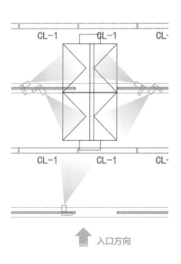

状态 1 灯位布置　　　　　　　　状态 2 灯位布置　　　　　　　　状态 3 灯位布置

边场区域

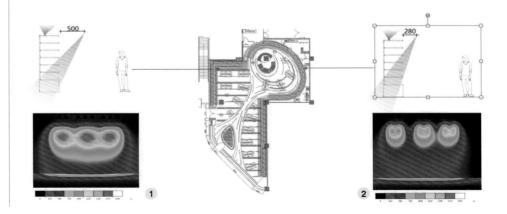

1. 红色区域的射灯与被照面距离较为合适，布光比较均匀
2. 绿色区域的射灯与被照面距离较近。缩小椭圆形白色天花，增加灯具与被照面距离

岛台区域

此处为护肤台，下方有顾客长时间坐
在位置上，上方使用射灯，舒适性较差，
使用柔光灯具，既能柔化面部的皮肤，
也能让人长时间逗留。

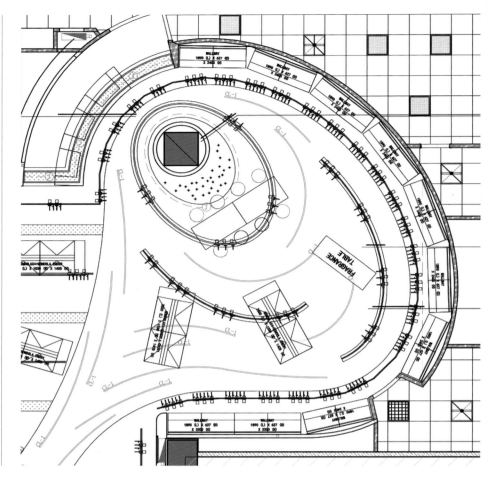

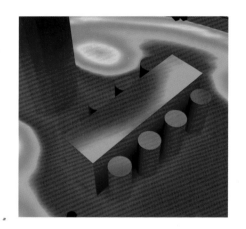

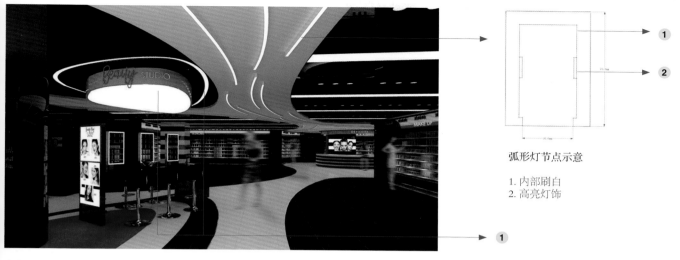

弧形灯节点示意

1. 内部刷白
2. 高亮灯饰

岛台区域照度分析

1. 因此层高过低，此处增加可调光模块，如果亮度过高，可适当降低

通道区域

弧形部分灯具使用软膜天花的方式制作，保证弧形部分色温与圆形部分发光色温一致。弧形部分的规格比较多，使用定制灯具成本过高，30mm 的宽度使用软膜更容易制作。

相关参数

灯具参数

灯具类型	功率 /W	色温 /K	长度 /mm	光束角	显色性	光效	功能区
轨道射灯	30	4000	/	24°	Ra>90	>90lm/W	中场区域
嵌入式条形灯	15	4000	600	/	Ra>90	>80lm/W	中场区域
嵌入式条形灯	30	4000	1200	/	Ra>90	>80lm/W	中场区域

深圳万象天地 UPAR 旗舰店

UPAR Flagship Store Lighting Design

项目地点
深圳

业主单位
深圳市跑界文化体育投资有限公司

室内设计单位
朱志康空间规划

灯光设计单位
大观国际设计咨询有限公司

摄影师
郑航天

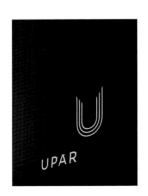

设计背景与理念

UPAR 诞生于一群创新者因奔跑而凝聚的灵感，旨在打造一个运动与时尚相结合的城市舞台；它不仅仅是一间店铺，更是一种全新的生活方式。

它坐落于年轻、富有朝气的创意之都——深圳，主要顾客群体为城市中独立自主的青年，以及追求简约舒适、超酷品牌的人群，拥有最具核心的运动品牌竞争力。

初识 UPAR，我们便知它将给我们带来不一样的体验 —— 一场运动感、艺术感与科技感的时尚碰撞。一进门，艺术家用回收的旧鞋子堆造的巨型装置，呼啸翻滚扑面而来，引发一场运动时尚界的"龙卷风运动"。

整个空间采用极简轨道照明系统，与周围常规的零售商业不同的是全部采用干净、简单的冷白色调，在万象天地整体偏温暖温馨的环境中，立刻凸显出清新酷炫的面貌。除了传统重点照明提供充满戏剧张力的展陈布置，

空间穿插布置以太空梭为概念的漫射日光吊灯，用以铺陈均匀舒适的基础环境光与垂直照度，以特别关照到成为未来网红打卡胜地的拍摄需求。为契合室内设计最初"特别高、特别原始、特别粗狂"的概念，灯光设计给予特别酷的、独具玩趣的空间特性。

分区照明分析

廊桥

作为空间一大亮点的艺术廊桥基本贯穿整个空间，里面特别为跑步爱好者提供了专享的更衣、换洗区。室内设计师为廊桥端口设计预留了一个广告屏幕，为呼应 LED 屏幕，灯光设计在此基础上提出了投影的概念，令廊桥整个侧立面成为更具延伸感的载体，配合未来的活动展示，增添更多娱乐互动性。通过控制系统对其进行处理，用色彩、影像以及呼吸变化可以呈现丰富的场景变化，能展现给进来打卡体验的跑步爱好者以全新的视觉环境体验。

廊桥照明系统灯光模拟示意

UPAR 廊桥内淋浴间效果图

多媒体展点

尽管 UPAR 是一个充满无限可能的实验室，但商业空间终归需要回归商业本质，商品是零售商业空间的又一重要角色，橱窗、模特、焦点展示、互动装置等都有相应的灯光来表达，灯光不是均匀布置的，而是跟随展场布置节奏跳跃的，如同运动的律动感一般。

廊桥多媒体展点照明系统模拟示意

轨道灯照明系统灯光模拟示意

相关参数

灯具参数

灯具编号	类型	功率 /W	光束角	色温 /K	功能区
SP1	LED 导轨射灯 Ra=90	29	18°	4000	商品区域卖场
SP2	LED 导轨射灯 Ra=90	29	42°	4000	商品区域卖场
SP3	LED 导轨射灯 Ra=90	29	/	4000	橱窗
L1	LED 导轨射灯 Ra=90	29	/	4000	橱窗
SP4	LED 导轨射灯 Ra=90	7.2	44°	4000	廊桥内
D1	LED 嵌入式筒灯 Ra=80	21	42°	4000	廊桥内
D2	LED 嵌入式筒灯 Ra=80	2	24°	4000	廊桥内
D3	LED 导轨射灯 Ra=90	12	44°	4000	廊桥内
D5	LED 嵌入式筒灯 Ra=80	8.9	44°	4000	廊桥内
L2	LED 线性灯带 Ra=75	10	118°	4000	廊桥内
L2a	LED 线性灯带 Ra=75	10	118°	4000	廊桥内
L2b	LED 线性灯带 Ra=75	5	120°	4000	廊桥内
L3	LED 线性灯带 Ra=75	14	118°	4000	廊桥内
L4	LED 线性灯带	/	/	4000	廊桥下
D4	LED 线性灯	40	/	4000	仓储

上海怡丰城购物中心

Shanghai Vivo City Shopping Center

项目地点
上海

建筑面积
120,000 m²

灯光设计单位
光莹照明设计咨询（上海）有限公司

建筑设计单位
Aedas 建筑事务所

业主单位
上海翎丰房地产开发有限公司

设计背景

2017 年 5 月 26 日，新加坡丰树集团在中国一线城市的首个商业项目——上海怡丰城购物中心"霸气"跳过试营业，直接开业。

旨在提供娱乐休闲、时尚服饰、餐饮美食、亲子娱乐、生活方式等多元化消费体验的上海怡丰城购物中心，共有 7 个楼层（地下 2 层、地上 5 层）。建筑的碟状结构容纳了超过 280 家租户，囊括零售商铺、时装店、超市、影院、美食广场等多样化业态，给购物者带来创新卓越、活力四射的购物体验。

作为丰树在中国单体投资额最大的项目，上海怡丰城购物中心只是其中一部分，另外还有 7 栋 20 万 m^2 的上海丰树商业城甲级办公楼，通过二层的连廊将商场与写字楼部分连通。

整个上海怡丰城购物中心屋顶被打造成独特的屋顶花园，面积达 1 万 m^2，设有儿童游乐场，同时还配备现代化露天剧场，可举办各种形式的艺术表演、时尚发布、演唱会、话剧及商业展示等。购物之余还可以亲临一系列以家庭娱乐为设计出发点的休闲区，其中包括上海地区超大型户外儿童乐园，为顾客呈现无与伦比的休闲体验。

购物中心的设计灵感源于传统的竹质鱼篓，圆润的建筑形体象征了聚人聚财的意义。其独特的外立面由 9 种变换的菱形面板"编织"而成。入夜时分，商场外立面有节奏的灯光变化犹如栩栩如生的荡漾水波，又犹如鱼篓中跃动的鱼展现了生动的丰收画面。

设计理念

项目室内灯光设计目的是根据不同空间的功能性转换不同的亮度，实现有效的基础照明。项目的室内公共区域由不同的主题划分出不同的功能。照明概念将配合室内的功能性，实现干净整洁的环境。

上海怡丰城购物中心通过天花、地面以及灯光营造不一样的空间体验，彰显低调、豪华的互动环境。

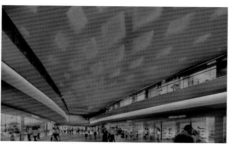

天花

天花采用钻石形 RGB 彩色凹槽灯带，在特殊日子，如新年、圣诞节、端午节采用彩色控制。

叶片状的顶部造型设计，是整个商场中贯彻得最多的元素，与上海怡丰城购物中心的主视觉形象相呼应。方格形天花设计造型偶尔出现在大面积共享空间处，与外立面上的小方格相呼应

圆顶天花使用嵌入式上照灯打亮

上海怡丰城购物中心采用环形动线，并在中部区域"横插一杠"，形成"日"字，几乎无死角，有更好的利用率，尽可能实现收益的最大化。

照明支持对室内某些空间细节进行重点照明

地下层

地下公共区域的照明亮度参照标准
数。其中超市区域选用较自然的白
色温，采用一般标准的筒灯，个别
域需线性灯光进行重点照明。

一层及主大堂

功能性灯和线性凹槽灯的结合营造
独特氛围，在各交叉通道处采用略
亮度双向灯配件，以避免地面上产
强光，在栏杆处设计连续的线性凹
灯勾勒轮廓。

一层主大堂采用 LED 及金卤灯光源。

自动扶梯

自动扶梯底部的线性灯带营造一种
一无二的现代化感觉。附加的隐藏
灯为自动扶梯提供更多的亮度。

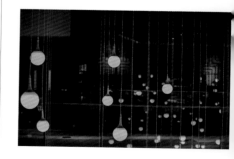

相关参数

照度

金卤灯：2900K。

LED：3500~6500K。

灯具参数

品牌	类型	功率 /W	光通量 /lm	色温 /K	光束角	数量 / 个	功能区
ENDO	LED 筒灯	54	1900	/	/	59	地下室零售店
ENDO	LED 筒灯	18	607	/	/	275	主大堂
ERCO	上照灯	150	3355	/	/	15	主大堂
/	金卤灯	/	/	4200	不对称上照	/	/
/	荧光灯	/	/	3500	超宽光束	/	/
/	LED 筒灯	/	/	3500	36°	/	/
/	LED 筒灯	/	/	4200	36°	/	/
/	LED 筒灯	/	/	6500	10°	/	/
/	LED 软灯带	/	/	/	漫反射光	/	/

北京大兴国际机场

Beijing Daxing International Airport

项目地点
北京

设计单位
盖乐照明设计

主设计师
顾冰

设计背景与理念

项目的照明采用下射筒灯、反射照明、低位灯杆相结合的方式。其中下射筒灯是传统经典的照明方式，效率高，造价低，方向性强，适合塑形造影，照明效果有立体感，能达到基础的空间感、方向感，具有引导性，但需要较多的安装维护支持。在项目中下射筒灯提供的主要流线／轴线的照明沿天窗和幕墙边缘布置，光呈暖白色。反射照明是大空间常用的照明方式，安装维护便利，此方式中的用灯功率大，可以减少灯具数量，适宜表达更丰富的建筑造型，但相比其他方式效率稍低，灯具安装位置受限，需要与建筑专业密切配合，巧妙设置。在项目中，反射照明的作用是为大暗区补光，强调建筑造型，运用在中央区、大块吊顶及吊顶边缘，光呈冷白色。低位灯杆的照明方式通常为户外和大空间专用，它布置灵活，善于表现局部照明效果，可以加强空间尺度感和场所感，但灯具造型简洁且主要安装在相对固定的座椅区，灯具布置相对受限制。在机场中，此方式用来为局部区域补光，并可以调节尺度，用在候机区和局部过道，光呈暖白色。

面积指标		反射照明		
总面积	值机岛面积	照明功率	整体功率密度	有效区域功率密度
30,920 m²	6388 m²	152kW	4.92 W/m²	6.21 W/m²

节能和经济性

功率密度满足绿建要求的同时，反射照明还额外提高顶面的亮度。在人眼视觉亮度感受相似的情形下，通过调光系统调低上射灯功率，还能有更强的节能效果。

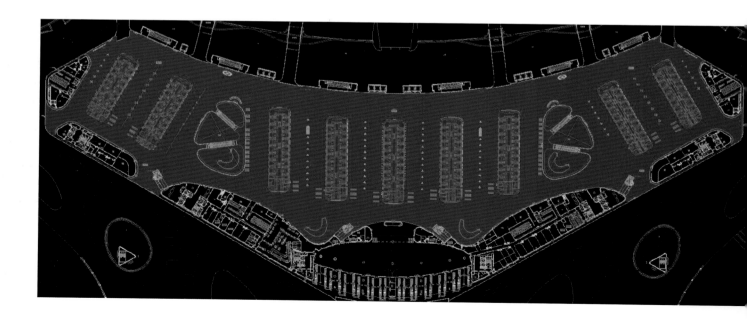

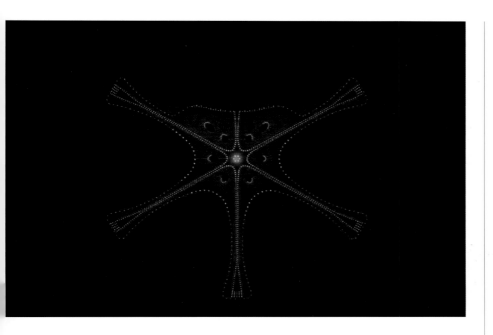

暖色下射

空间效果

项目的照明设计清晰地展现了建筑逻辑，空间形态更易识别理解。照明效果方位感和引导性更强，利于指示旅客通行。照明使视野环境明亮柔和，削弱巨大体量带来的负面感受。顶部的冷光和地面近人的暖光，强化建筑巨大体量，由于接近人们熟悉的自然光，避免产生对于陌生巨物的负面感受。候机区灯杆及其小范围的光照，有效调节了空间尺度感。

安装和维护

高空筒灯利用最少量的马道数量,最大限度与排烟窗马道并用。上射灯和灯杆都便于维护,省去大量工作量。大空间灯具总数 6000 套,数量极少,其中顶部下射筒灯和投光灯 3687 套,幕墙、浮岛顶、板边的上射灯 2490 套,指廊区 3～4m 高,灯杆 416 支。

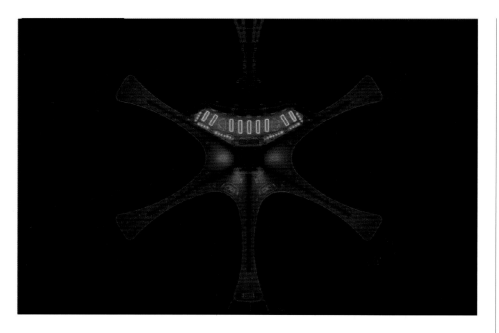

冷色上射反光

灯杆设计

室内采用室外化的立杆低位照明，丰富了空间变化，提高局部照度满足需求，是照明方式的有益补充。

材料运用

吊顶板采用高反射率漫射材料，极大提高照明效率，同时改善反射照明效果。反射率90%以上，无光源倒影。顶部采用创新研发的中置遮阳中空玻璃，兼具采光和遮阳功能，同时节省遮阳构造和屋面结构造价。

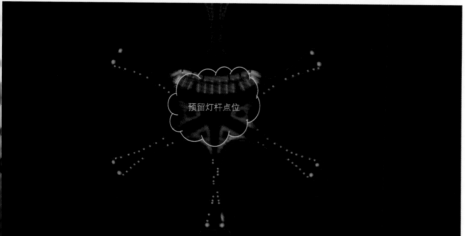

预留灯杆点位

灯杆设置

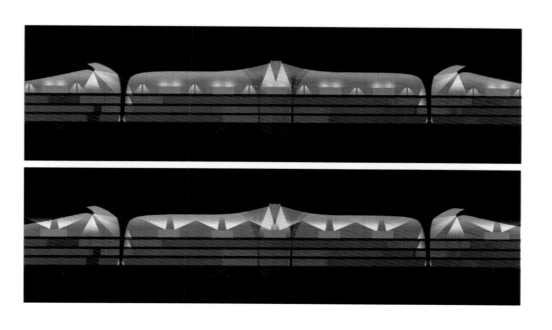

色温设计

利用冷暖光给人的不同感受，营造宜人的光环境。行李提取层无自然采光，且层高低，人造自然采光提升旅客感受，并通过色温的变化区别不同空间。

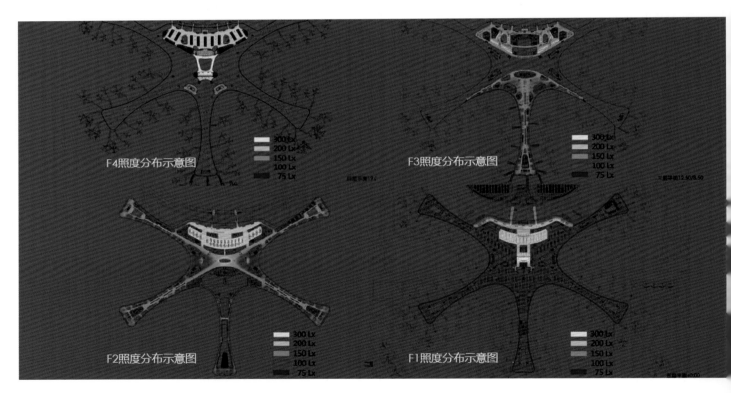

F4照度分布示意图

- 300 Lx
- 200 Lx
- 150 Lx
- 100 Lx
- 75 Lx

F3照度分布示意图

- 300 Lx
- 200 Lx
- 150 Lx
- 100 Lx
- 75 Lx

F2照度分布示意图

- 300 Lx
- 200 Lx
- 150 Lx
- 100 Lx
- 75 Lx

F1照度分布示意图

- 300 Lx
- 200 Lx
- 150 Lx
- 100 Lx
- 75 Lx

相关参数

照度指标

计算条件：维护系数 0.7，顶面平均反射率 70%。

顶面反射率选择计算方法：板缝 25%，板材反射率 0.95。

计算反射率 $=0.95 \times 0.75 = 0.71$。

主要区域照度大于 200lx，大部分区域照度大于 170lx，局部角落照度低于 70lx。

设计平均照度	反射照明率密度值	规范照度要求	规范功率密度值
153lx	6.2 W/m²	200lx	不大于 8W/m²

灯具参数

北京 T3 运行照度值		交通建筑照明标准		新机场设计		
场所名称	照度标准值 /lx	场所名称	照度标准值 /lx	场所名称	照度设计值 /lx	照度计算值 /lx
售票 / 值机柜台面	150	售票台面	500	售票 / 值机柜台面	500	510
售票大厅 / 值机（换票）大厅	100	中央大厅、售票大厅	200	值机大厅前厅	200	186
问讯处（工作面）	100	问询处	200	/	/	/
行李托运（工作面）	100	换票、行李托运	300	值机大厅通道	200	212
联检大厅（卫检、边检、海关）	300/200	海关、护照检查	500	国际出发边防区	300	300
安检大厅	100	安全检查	300	国际边防等候区	150	187
候机大厅	100	候机室（普通）	150	国际安检等候区	150	179
固定桥	50	/	/	国际安检作业区	300	335
登记桥柜台	150	/	/	远机位候机厅	150	172
行李提取厅	200	行李认领、到达大厅、出发大厅	200	国际指廊候机区	/	133
海关、护照检查	200	海关、护照检查	500	国内指廊候机区	/	174
到达大厅	100	行李认领、到达大厅、出发大厅	200	/	/	/
中转厅	100	/	/	/	/	/
通道、扶梯、步道、电梯前厅	75	走廊、楼梯、平台、流动区域（普通、高档）	/	行李提取	300	321
捷运站台	75	有棚站台	/	行李提取厅通道	150	173
走廊、流动区域	50	通道、连接区、扶梯、换乘厅	/	/	/	/
门厅	75	/	/	迎客大厅	200	208
楼梯、平台	30	通道、连接区、扶梯、换乘厅	/	/	/	/
厕所	100	/	/	国际到达通道	75/150	110
更衣室	150	/	/	国际指廊通道	75/150	128
/	/	/	/	国内指廊通道	75/150	113
/	/	/	/	C 形柱商业前通道	150	186
/	/	/	/	C 形柱开口与商业间	75	77

愚园路历史名人墙

The Wall of Historical Fame on Yuyuan Road

项目地点
上海

建筑设计单位
CCTN 筑境设计

主建筑师
薄宏涛

灯光设计单位
上海麦索照明设计咨询有限公司

主设计师
王俊、金珠、李志业

摄影师
金珠、徐捧月

设计背景

上海市长宁区有一条历史悠久且富含人文底蕴的愚园路，道路两侧绿荫掩映，周围散落着无数旧时代的小洋房，众多历史文化名人曾在此留下足迹。2016 年初，社区街道在愚园路的一条老弄堂里建起了一道免费开放的愚园路历史名人墙，乘着城市更新的东风，启动了愚园路历史名人墙的改造计划，打造一座开放的卫星城市记忆博物馆。

设计理念

这样的一座建筑，灯光也该有些质朴厚重的味道。暖黄调子的柔光下，斑驳石柱仿佛还蕴含着十里洋场的摩登气息，古旧的电话机和邮筒在灯光下呈现圆润又精致的边角光泽，仿佛是从旧时光里穿越而来，刚刚才被主人使用过。墙面上悬挂着历史文化名人的生平事迹，自上而下的洗墙照明满足文字阅读需求，同时也把人拉回到现实世界中，与过去形成对话。每一处木质的座椅上，都投射了一束重点光，让人坐下来静静聆听历史的呼吸声。阁楼处，通过斑驳的玻璃，晕出柔和的光晕，仿佛晚间弄堂里的人家烟火，宁静温馨。

作为一个微更新的项目，照明设计遵循少即是多的原则，用简洁且平易近人的灯光，打造一个开放的城市公共空间。舍弃了艳丽的色彩，样式繁多的控制模式以及新奇炫酷的个性灯具，用最常见的光色和灯具，打造一个仿佛亲友客厅般的温馨氛围，邀请更多的行人能够进来瞻仰先贤或者游憩、社交。

分区照明分析

墙面照明

墙面被欧式立柱分割成等分的几个小单元，正好成为历史文化名人展板的绝佳载体，白天日光自窗口倾斜而下，有种时光静好的温馨感。因此晚上的照明同样以自上而下的方向洗亮展板，柔和了建筑的边界。

墙面照明灯光点位及控制图 1

1. AL1 配电槽管放于地面此角落
2. AL1-W3-YJY 3×2.5 PVC20 CE/BE，S01 照树灯，
LED7W/ 套，6 套，共 42W
3. AL1-W4-YJY 3×2.5 PVC20 CE/BE，L01 条形灯，
LED5W/m，31m，共 155W，24V，350W 开关电源，3 套
4. AL1-W4-2R-RVV 2×4 PVC20 PC

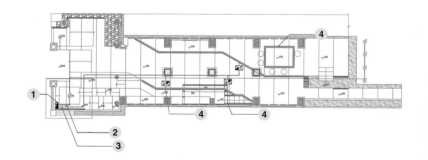

墙面照明灯光点位及控制图 2

1. 此处吊灯距离地面需预留 100mm 间隙，
以保证灯光的连续性
2. T01 筒灯
3. L02 条形灯

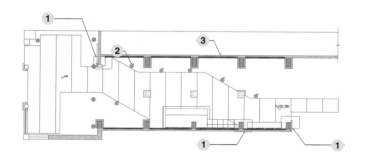

地面照明

建筑载体两边连接着街道，大门终年常开，一向是周围居民穿街过巷的"小捷径"。在改造计划中古朴的砖石地面上设计了两级木质台阶，将室内路面改造成了微型"街巷"，仿佛游走于老上海的里弄之中。这两级台阶在常规时段作为座椅供人休息，由天花上的筒灯进行重点照明，深夜时台阶下隐藏的灯带亮起，成为室内唯一照明，强化了交通疏导的作用，也给深夜归家之人一个小小的惊喜。

"围炉"照明

"围炉"是给方形下沉休息区起的别称，用简单的灯带，照亮脚下的空间，营造一种围炉拥衾的松弛感。

相关参数

控制系统
开关控制。

色温
3000K。

光束角
30 〜 15°。

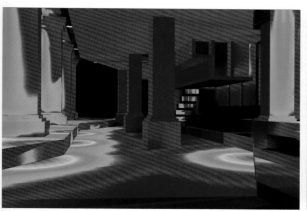 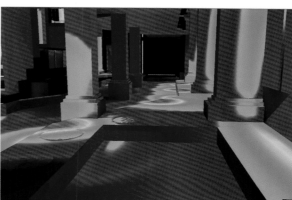

照度分析图

灯具参数

灯具类型	功率 /W	光束角	色温 /K	防护等级	显色指数	安装位置
LED 筒灯	12	50°	3000	IP20	80	公区
LED 软灯带	5	120°	3000	IP65	70	台阶
LED 洗墙灯	12	20×40°	4000	IP65	70	窗户
LED 照树灯	7	40°	3000	IP65	70	植栽
控制要求：开关控制						

四川对山书店

Sichuan Duishan Bookstore

项目地点
南充

完成时间
2018 年

设计单位
云知光灯光社重庆分公司

主设计师
姚力萌

设计团队
李建平、静恩颖

设计背景与理念

项目位于四川省南充市的繁华地段，公共交通便利，周边覆盖多个高档小区，有庞大的消费人群和充足的教育资源，周边有成熟的商圈以及大型购物广场、超市、银行。四川对山书店定位为"城市文化产业"，以低调奢华的Art&Deco（装饰艺术）风格，融合浪漫优雅的法式风情，为广大消费者营造一个集生活美学与文化阅读为一体的创意空间。

现如今书店已经不仅仅是卖书的店铺了，它是一个公共的展示空间、市民的休憩空间，同时也需要购买率。书店都在环境设计上做足文章，所以灯光也成为其美感的重要组成部分。融合于建筑的光，和环境完美结合的光，吸引顾客的光，唯美的光，展示的光，都是在这个空间里面需要表达的。整个书店的灯光主基调基本用4000K的中性色温，配合书店硬装的灰色基调，给人干净、通透、明亮的视觉印象。休息区域用的是3000K的暖色温，让人感受温和、惬意、岁月静好的阅读休憩氛围。色温按区域功能合理搭配，过渡自然。光作为空间的化妆师让整个书店空间变得灵活、生动，有了灵魂。

一个综合多种功能的公共文化空间是一个城市的文化地标。

分区照明解析

一层

一层最主要的是展示区域，店铺的前场需要吸引顾客，所以是空间照度最高的区域。阅读区要满足顾客阅读的需求，要保证功能性，保护顾客的视力。咖啡厅属于休息空间而且自然光充足，因此在灯具布置和色温上有变化。

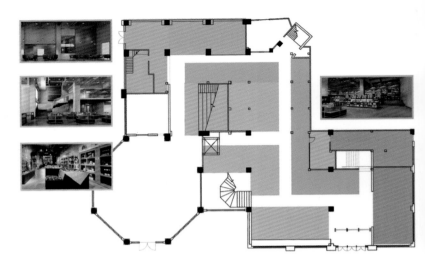

一层业态分析图

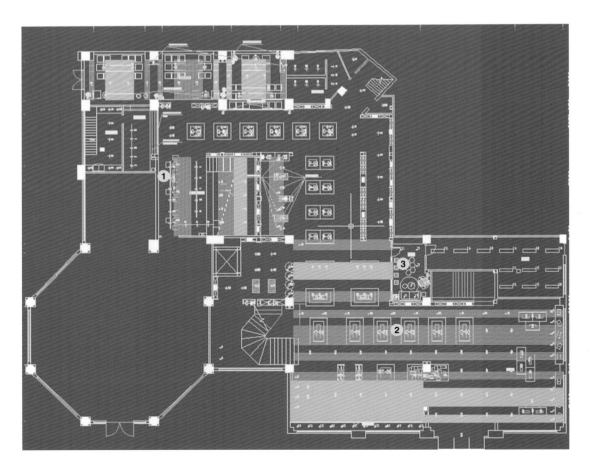

一层灯具布置图

1. 轨道射灯，补充立面照明
2. 格栅筒灯，前场区域重点照明
3. LED 软灯带，书柜、点餐台等空间，丰富柔化光环境

功能	照度 / lx	色温 / K
入口展示台	750	4000
阅读区	300	4000
阶梯教室	300	3000
咖啡区	200	3000
通道	150	4000

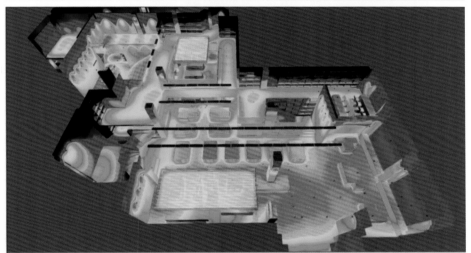

10	12	14	17	20	24	28	33	40	47	56	67	79	94	112
133	158	188	223	266	316	375	446	530	631	750	1000 [lx]		

一层灯具照度分析图

照明模拟效果图

二层

二层互动空间比较多，活动空间、儿童玩耍空间和餐饮空间都在二层。照明和艺术感灵活地相结合，让顾客感到舒适和贴心。绘画手工区因为功能需求所以照度较高。

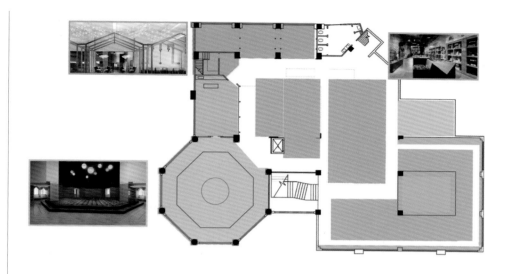

二层业态分析图

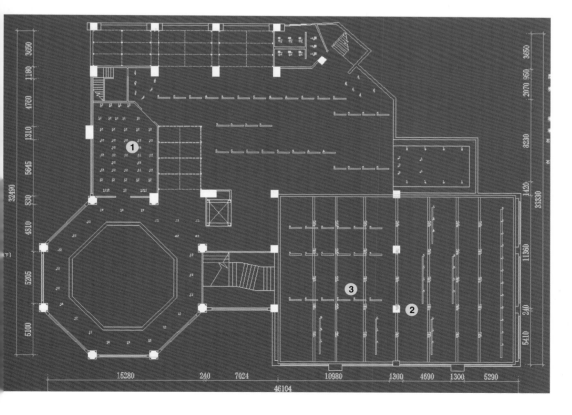

二层灯具布置图

1. LED 嵌入式筒灯，VIP 室均匀无眩光的照明满足儿童阅读时对眼睛的保护
2. LED 明装小射灯，木架结构装饰照明
3. LED 明装线条灯，二层环境照明

功能	照度 / lx	色温 / K
教辅区	300	4000
绘画区	400	4000
儿童区	300	3000
饮品区	200	3000
VIP 区	300	4000

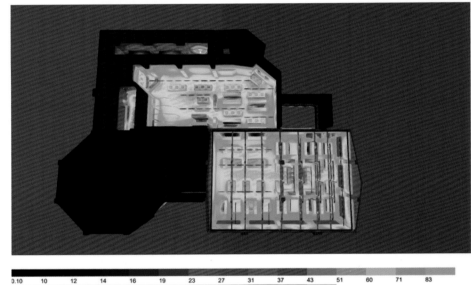

| 0.10 | 10 | 12 | 14 | 16 | 19 | 23 | 27 | 31 | 37 | 43 | 51 | 60 | 71 | 83 |
| 98 | 115 | 135 | 159 | 187 | 220 | 259 | 305 | 359 | 423 | 498 [lx] |

二层灯具照度分析图

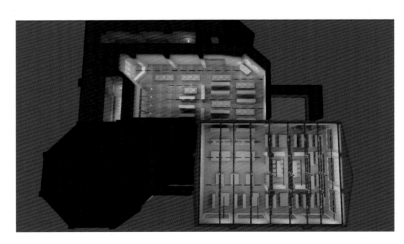

二层照明模拟效果图

二层重要区域照度模拟

教辅区

饮品区

绘画区

相关参数

灯具参数

灯具类型	功率 /W	光束角	色温 /K	功能区
LED 轨道射灯	5	24°	/	一层
LED 格栅筒灯	10	24°	/	一层
LED 软灯带	14	120°	/	一层
LED 明装小射灯	3	10°~36°	3000	二层
LED 嵌入式筒灯	10	36°	4000	二层
LED 明装线条灯	20	90°	4000	二层

海上世界文化艺术中心

Sea World Culture and Art Center

项目地点
深圳

完成时间
2017 年

设计单位
谱迪设计顾问（深圳）有限公司

主设计师
林湧金

设计师
陈浩

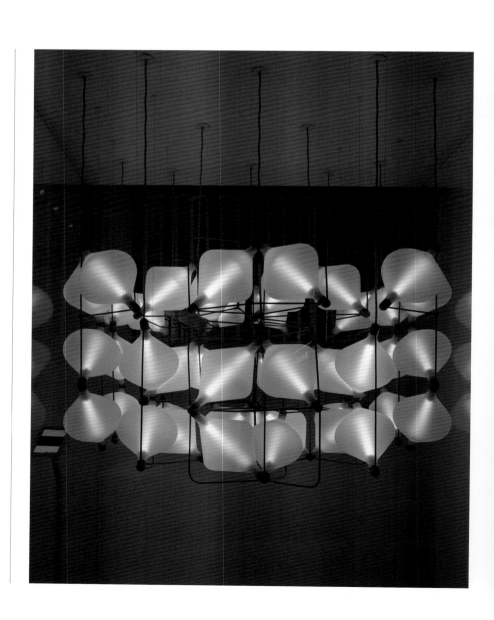

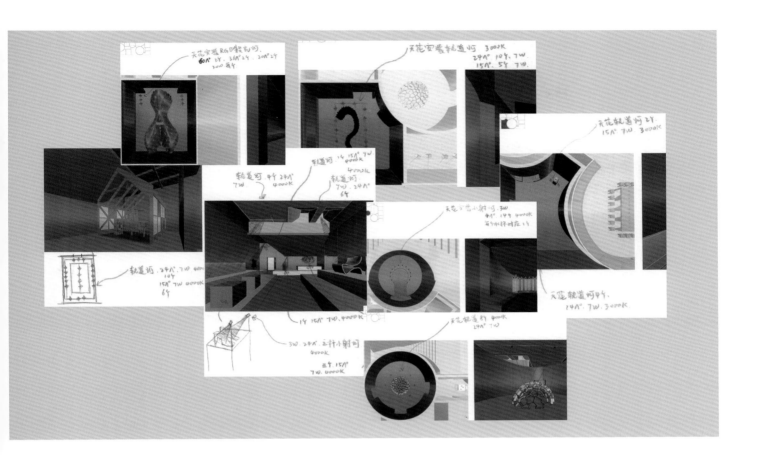

设计背景

展品来自世界各国的艺术家，包含了设计作品及艺术装置、多媒体。其中作为主线的艺术装置展品，必须结合特殊的照明才能作为完整的展品呈现，如何让灯光变得更有趣，也是设计的要点。

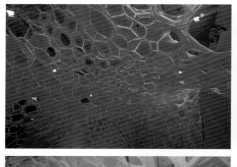
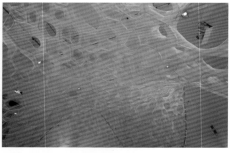
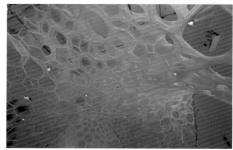
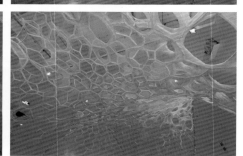

分区照明解析

展品

一号展品，含有对紫外光反射的材料，普通的 LED 光源不含紫外和红外光谱波长，这是 LED 可以持久性发展的原因之一，所以此展品的灯具需从光源开始定制生产，效果也是令人陶醉的。

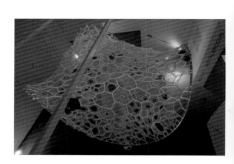

展品部分系从博物馆借出，注明照度不得超过 50lx，对配光及照度的要求极为精准。此空间选用了可独立调光及变焦调整配光（8° ～ 60° ）的博物馆专用导轨灯，以达到更为精确的照明，好在人眼的宽容度是极大的，当你走进这个空间，便会很快适应并看清每件展品

微型的气雾 3D 投影，营造空间的光色氛围尤为重要

桦木海洋板在环保健康和可持续性发展的
应用及研究从未停止

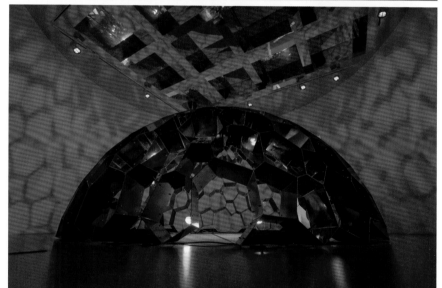

通过内外结合的灯光方式，装置镀上火烧
退火效果的装饰表面，在紫色光的笼罩下，
从不同的角度会反射出不同色彩的微妙变
化。打光需要经过仔细地调整，应从相互
对角打光，在墙壁上才能影子成像

橘黄色灯光下的剪影构筑异常深而大，不
少观者穿行其中，寻找那温暖的光

由单一体堆积成形，如山一样的艺术品在冷暖对比的光照下，脱颖而出

四面如黑镜般的展示平台上，在聚光的照射下，通过转动面改变形状的装置在翩翩起舞

人体的感应互动的装置在起舞时，通过反射将惬意的光斑映满空间，并在背后藏着让你无法找到源头的光

白色的 3D 蠕动的服装装置在白化的空间

在营造神秘而远古的光影的同时，你可以与装置互动，通过挥手做出各种动作，奏出神秘的音乐

开放展厅

在一层各个小型独立展厅之上是透着
彩光的二层开放展厅。

积粟社 2017 广州设计周展馆

Jisushe Pavilion for Guangzhou Design Week 2017

项目地点
广州

设计团队
积粟社

灯光设计单位
云知光灯光社

灯光设计团队
徐庆辉、陈敏

摄影师
覃昭量

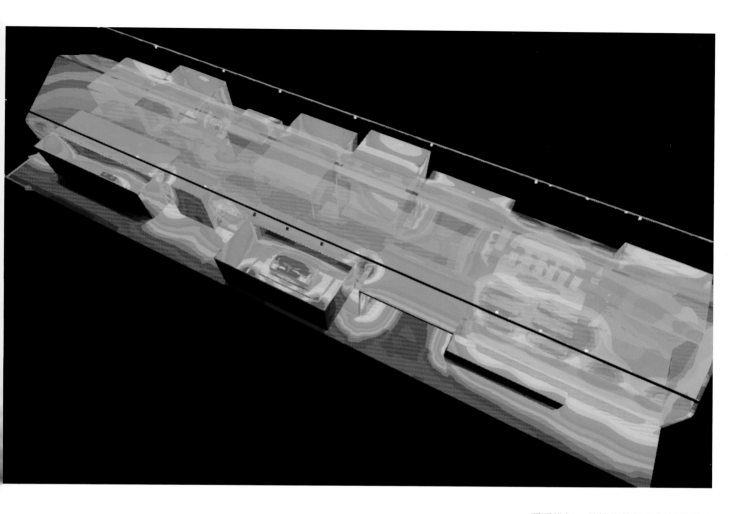

照明模拟，悬挂线性灯和射灯照亮冰块，形成透光

设计背景与理念

项目为 2017 年广州设计周积粟社的展位，展期 4 天。

760m² 的展位由 9909 个阳光板盒子组成水晶外墙，由 72,865 个黑色纸盒搭成 7 个展区，135,000 支麦穗错落其中。透明透光的水晶外墙与吸光的纸盒隔墙成为项目照明设计中第一个需要面对的矛盾。展区展示台上不锈钢材质的展品的照明设计是项目照明设计需要面对的第二个考验。展位设计团队（积粟社）的设计概念要体现临时展位的美感，也要达到吸睛的效果。那么，如何只用了 100 个射灯完成项目的照明设计呢？

整个展位的照明设计概念来源于爱斯基摩人的"冰屋"，利用光和影的碰撞、透明和不透明的碰撞，表现"光"的关系，实现"冰屋"的设计概念。

分区照明解析

入口处

前后错开地架设两排射灯，以实现合影所需要的灯光。所有照明设计安装在 72 小时内完成。

入口左侧两排射灯，分别照亮形象墙和合影的人们。

底部

展位内展区底部灯带勾勒轮廓，特别设置角度的射灯完成展示模型所需要的重点照明。

外部透光 4000K 与内部重点照明 3000K 形成对比。

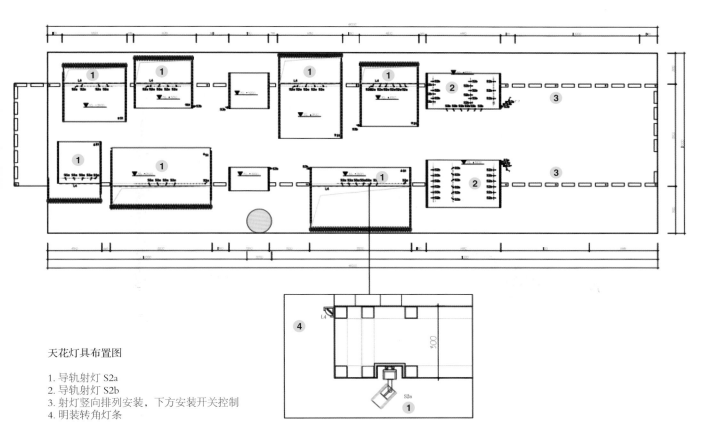

天花灯具布置图

1. 导轨射灯 S2a
2. 导轨射灯 S2b
3. 射灯竖向排列安装，下方安装开关控制
4. 明装转角灯条

天花
线性灯照亮屋顶，射灯照亮冰砖墙壁，
使用拉伸透镜。

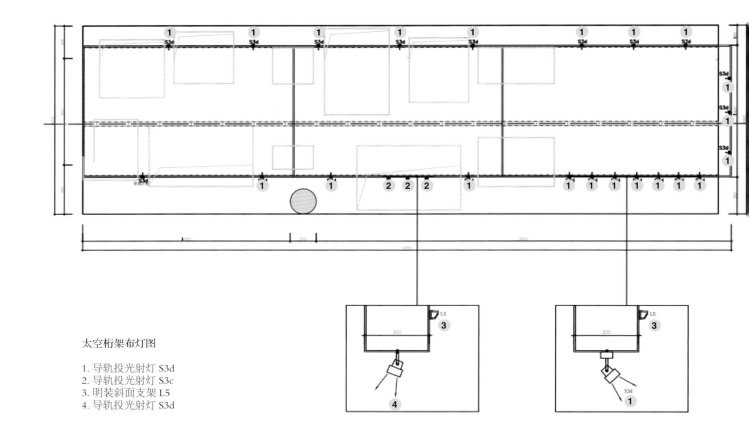

太空桁架布灯图

1. 导轨投光射灯 S3d
2. 导轨投光射灯 S3c
3. 明装斜面支架 L5
4. 导轨投光射灯 S3d

开放展位，外部高空射灯与内部射灯
共同照明。

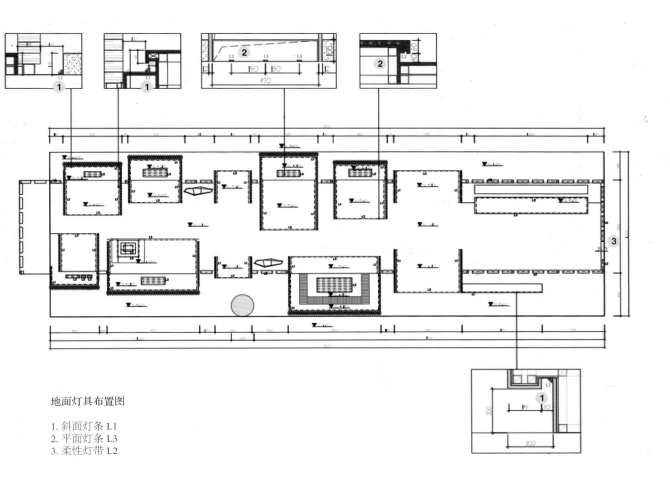

地面灯具布置图

1. 斜面灯条 L1
2. 平面灯条 L3
3. 柔性灯带 L2

展位

在内部展位，导轨射灯重点照明，地脚灯带制造层次。

展位内麦穗灯藏于麦穗中，星星点点，美不胜收。展品底部基础光和前部导轨射灯应调节角度，避免眩光。

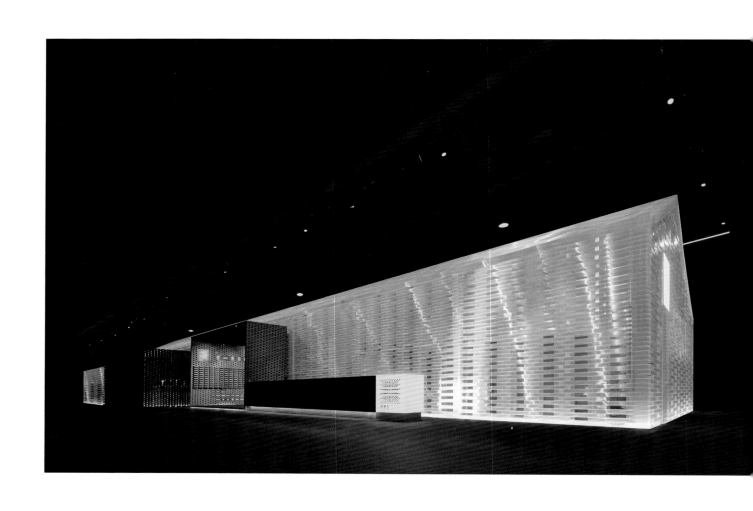

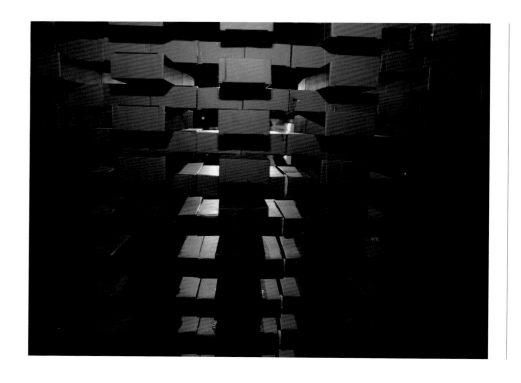

墙体

水晶墙体由藏在其内的软灯条照亮。外墙由斜面的灯条照亮。内外色温的对比形成光的层次。从外看去，就像一个冰屋。

黑色砖块和白色冰砖组合，形成晶莹透光效果。

黑色砖块的外侧色温为4000K，与内部色温3000K形成对比。

相关参数

灯具参数

灯具类型	功率 /W	色温 /K	光束角	数量 / 个	功能区
明装斜面支架 L5	12	4000	100°	80	太空桁架
导轨投光射灯 S3c	35	3000	12°	3	太空桁架
导轨投光射灯 S3d	35	4000	12°	22	太空桁架
LOGO 投光灯 S1	/	/	/	7	展厅入口天花
导轨射灯 S2a	15	3000	20°	40	展厅天花
导轨射灯 S2b	15	4000	30°	40	入口天花
明装投光射灯 S3a	35	4000	12°	3	论坛区附近墙身
明装投光射灯 S3b	35	4000	36°	8	论坛区附近墙身
明装转角灯条 L4	15	3000	90°	40	展厅天花侧边
斜面灯条 L1	10	3000	90°	110	地台灯槽
柔性灯带 L2	12	4000	120°	/	水晶墙面
平面灯条 L3	5	3000	120°	150	地脚、模型台

辽宁卷烟工业史馆

Liaoning Cigarette Industry History Museum

项目地点
沈阳

设计单位
沈阳市中科创艺照明科技有限公司

设计团队
蔡宝峰、刘纯良

摄影师
胡晓宇

设计背景与理念

项目位于辽宁省沈阳市和平区和平北大街 26 号，红塔辽宁烟草有限责任公司办公楼一层。辽宁卷烟工业的历史，实际上是中国卷烟工业的一个缩影，辽宁是全国最早开创卷烟工业的省份。这里的卷烟工业经历了系统而完整的发展。

辽宁卷烟工业史馆，照明扮演着重要角色：它能让参观者充满乐趣，充分诠释艺术品和展览场景的意义，介绍它们的历史和内涵。展厅的照明技术有其自己的特点，需要从技术和观光、观赏人的心理两个方面来进行研究。当以观赏为目的时，要求被观察对象的亮度对比和色彩能尽量理想地表现出来。当以调查研究为观察目的时，就需要被观察对象的形状、色彩、质感等被正确地表现出来。另外，为了使陈列品避免因可见光、紫外线和湿气而受到热和化学的损伤，需要考虑陈列品的防护以及参观者的安全等因素，通过使用可调光灯具给出适宜的照度值。

分区照明解析

序厅

序厅的照明，一般应被看成是参观者的"视觉调节空间"。在白天，参观人流由室外经过序厅来到照度较低的室内展厅，实际上人眼在低亮度的环境下依然看得很清楚，但需要时间对亮度的变化进行调整。或者在晚上，当参观者离开展厅、经过门厅、进入低照度的室外环境中，门厅就成了适应这种视觉过渡的空间。为保证参观者不受光环境变化干扰或引起对艺术品视觉的变形，具有趣味性的发光烟叶造型灯，为眼睛提供适应时间。

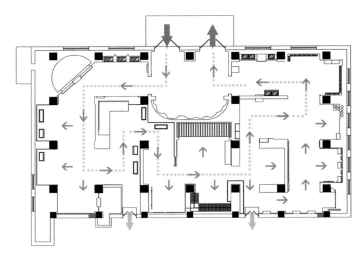

人员动线分析

红箭头：第一流线
蓝箭头：第二流线
绿箭头：主要出入口
黄箭头：安全出口

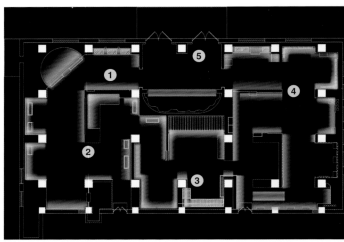

一层照度分析

1. 第一部分烟草的起源传入 100lx
2. 第二部分辽宁卷烟工业发展史 150lx
3. 第三部分烟草企业文化建设 150lx
4. 第四部分烟草文化与体验 200lx
5. 序厅 200lx

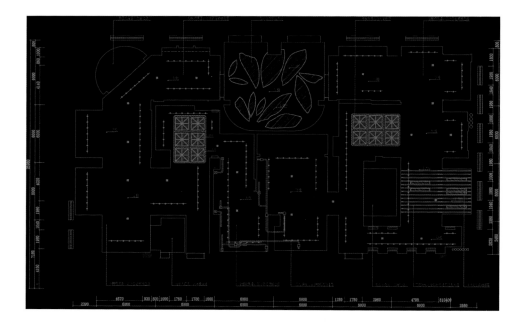

点位分析

轨道射灯，系统功率 30W，2000lm，可互换式反射器（36°／24°／15°／10°），色温3000K，显色指数 90，色容差小于 3SDCM，灯头可水平旋转 355°，垂直旋转 90°，可单灯调光。配件：布纹玻璃、遮光板

烟草的起源传入展厅

展厅部分主要是二维展品，将数个射灯列成一排，加以调节并融汇，创造二维表面的均匀照明。

场景（印第安人吸食烟草）表现哥伦布于1492年10月第一次航行至北美古巴，其水手登岸后，发现当地土著男女点燃"烟草"吸食的生动场面，灯光设计师采用高色温模拟自然光，还原当时场景。

烟草的起源传入展厅照度分析图

辽宁卷烟工业发展史展厅

单灯具备可调光旋钮，可根据展品照度调节灯具亮度，各种反射器上配光透镜能创造出杰出的照明表现。

照明设计是展览设计，也是整个展览空间的一部分。照明需要隐藏式的设计，这样就不会破坏文物或空间的外观，在这种情况下需要找到隐藏灯具的地方并采用不易引人注意的色彩及样式。

照明设计创造良好的视觉条件，展示对象的亮度与展品周围亮度比不大于3：1。对于平面展品，最低照度与平均照度之比不小于0.8，但对于高度大于1.4m的平面展品，最低照度与平均照度之比不小于0.4。

在陈列绘画、多色展品等对辨色要求高的场所，采用一般显色指数不低于90的光源作为照明光源。

考虑展品材料特性：非敏感性展品，如机器、金属等的照度不小于300lx，达到最佳观赏效果。

场景的照明设计，尽量还原当时状况下的照明环境，让参观者达到最佳体验。

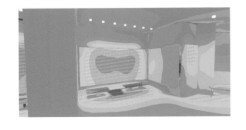

辽宁卷烟工业发展史展厅照度分析图

烟草企业文化建设展厅

当展厅没有特意布置环境光照明时，二维展品的光圈应设计大一些，保证没有强烈的亮度对比，避免长时间观看使人疲劳。使用墙面布光灯具，可以创造二维表面的均匀照明。

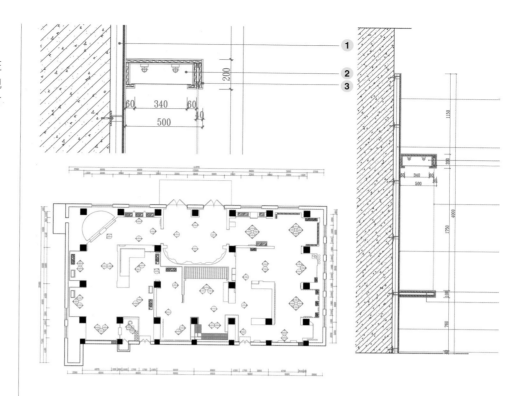

烟草企业文化建设展柜节点

1. 35mm×50mm 镀锌方管
2. 灯箱
3. 聚酯漆饰面

烟草文化与体验展厅

百年之路，凝聚了辽宁数代卷烟工人
的辛酸血泪和聪明智慧，也聚焦过亿万
人们的目光，此部分为展厅的最后一部
分，主要以展示互动为主，色温及照
度适当地相对提高。

烟草文化与体验展厅照度分析图

相关参数

控制系统

智能调光系统：1～10V调光。

灯具的调试

辽宁卷烟工业史馆的灯具安装调试非常重要，调试工作主要包括调整灯具位置、旋转角度、照明强度。由于史馆的照明设计具有很强的工艺要求，它是一个系统工程的问题。单一的建筑学配置或单一的照明学设计都不能很好完成照明设计，必须要从技术和观者的心理两个方面来进行综合考虑，并力求把现代新技术、新概念更多地应用到史馆的照明设计中去，以营造出赋有生命、充满活力、感觉逼真、整体优化的光环境，来满足展示和保管的照明要求。

灯具参数

类型	功率/W	光束角	光通量/lm	色温/K	显色指数	图片
轨道射灯	30	36° 24° 15° 10°	2000	3000	80	

米兰学院

Milan College

项目地点
西安

设计单位
中国建筑西北设计研究院

主设计师
郝樱、荣新春、王莹斌

灯光设计单位
中国建筑西北设计研究院
光环境艺术研究中心

摄影师
中国建筑西北设计研究院
光环境艺术研究中心

设计背景与理念

光是一强有力的形态赋予者，正因为有了光，室内空间形态、色彩、材料与品质才能够为我们所感知和了解。照明设计与室内设计相辅相成，共同营造优美、艺术的室内环境，服务于使用者。

米兰学院坐落于西安交通大学，是米兰理工大学与西安交通大学联合办学的重点项目，是丝路大学联盟框架下的标志性项目，希望被建成西部创新港的地标性建筑。米兰学院将成为国内大学同世界知名大学合作办学的典范。设计单位在接到设计委托后与客户权衡设计诉求，在遵循意大利总建筑师的设计理念的基础上，希望本次设计效果整体是明亮舒适的，在保证视觉目标水平和照度要求下，满足显色性，控制眩光，保护视力，保证安全可靠，方便维护与检修，并与环境相协调。

在发挥灯光功能和艺术性的同时，更是一场艺术与技术的演绎和运用，与室内设计结合繁衍出无限活力，提升空间的使用价值及艺术价值。

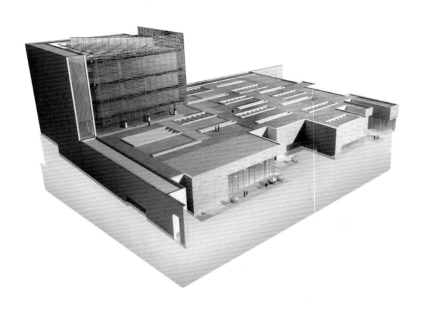

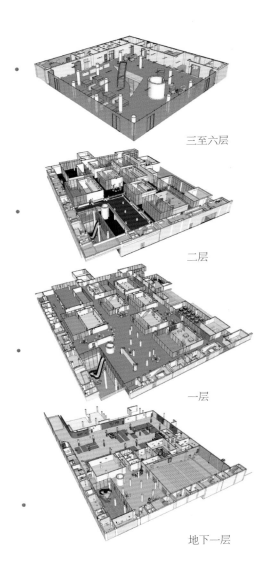

三至六层

二层

一层

地下一层

层级分析图

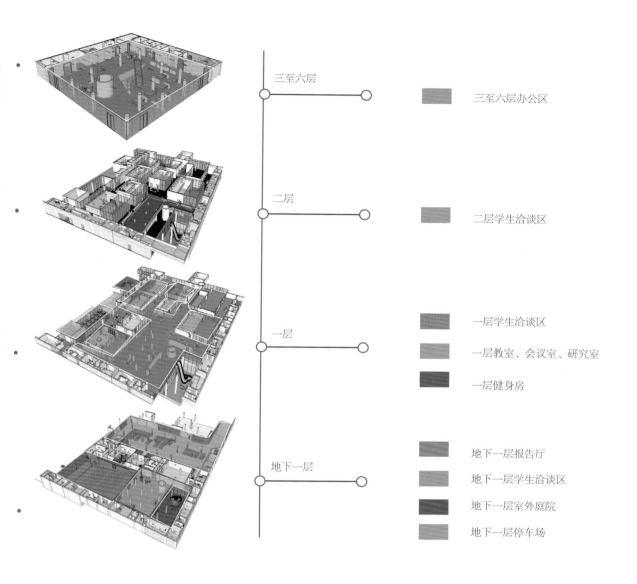

三至六层

三至六层办公区

二层

二层学生洽谈区

一层

一层学生洽谈区

一层教室、会议室、研究室

一层健身房

地下一层

地下一层报告厅

地下一层学生洽谈区

地下一层室外庭院

地下一层停车场

层级功能分区

分区照明解析

三至六层照明分析

建筑共计七层，地下一层，地上六层，三至六层办公区的建筑结构相同。将建筑各楼层内部空间按功能进行划分，并与内装部门充分沟通了解材料、装饰的搭配。在这基础上，决定运用3000K 低色温。15°～30°光束角来营造整个室内色调，LED3000K 色温属于自然光色，蓝光含量较少，对眼睛伤害小，有利于长时间交流学习，整体空间氛围给人轻松愉快感觉，在教育类建筑上运用广泛。根据使用性质的不同，我们在不同功能区域上采取点对点的设计思路，对不同区域的照度及功率进行调整。

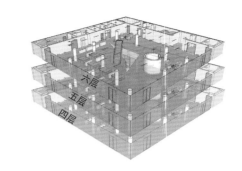

三层灯光分析图

办公区照度标准：300lx
UGR（眩光）：19
UO：0.6
Ra：80

三至六层照度计算

直角照度（格栅）
平均（实际）：307lx
最小：0.001lx
最大：979lx
高度：1.517m

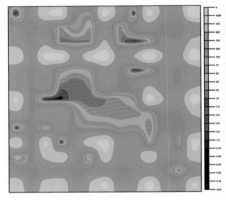

一层及二层照明分析

一层及二层为学生洽谈区及部分研究室。学生洽谈区实为室内公共区域，为保证功能的良好运作，推荐300lx的照度，这样能提供足够的亮度及均匀度。研究室部分照度适当提高，以满足视觉适应的要求。

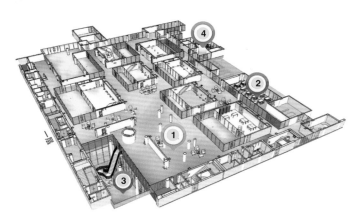

一层灯光分析图

1. 学生洽谈区
照度标准：300lx
UGR（眩光）：19
UO：0.6
Ra：80
2. 教室／研究室
照度标准：300lx
UGR（眩光）：16
UO：0.6
Ra：80
3. 公共大厅
照度标准：200lx
UGR（眩光）：22
UO：0.4
Ra：80
4. 健身房
照度标准：200lx
UGR（眩光）：22
UO：0.6
Ra：80

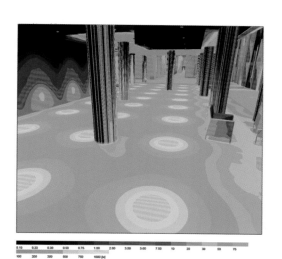

一层学生洽谈区照度图

一层门厅效果图

一层学生洽谈区效果图

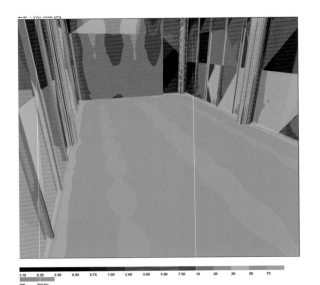

一层研究室照度图

一层研究室效果图

二层照度计算

直角照度（格栅）
平均：351lx
最小：0.08lx
最大：897lx
高度：0.300m

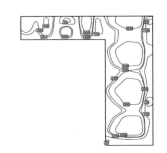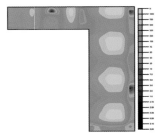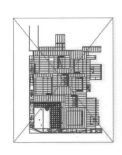

二层学生洽谈区照度图

地下一层照明分析

地下一层报告厅在满足基本功能照明需求后，增设环形壁灯，在增加整体艺术性的同时对两侧通道加强亮度，保证视觉上的安全性。壁灯光源采用调光控制，与顶部灯光同时进行控制，满足不同场景的要求。

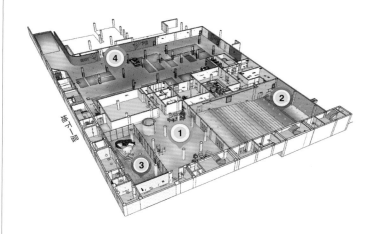

地下一层灯光分析图

1. 学生洽谈区
照度标准：300lx
UGR（眩光）：19
UO：0.6
Ra：80
2. 报告厅
照度标准：300lx
UGR（眩光）：22
UO：0.6
Ra：80
3. 公共大厅
照度标准：200lx
UGR（眩光）：22
UO：0.4
Ra：80
4. 停车场
照度标准：501lx
UO：0.6
Ra：60

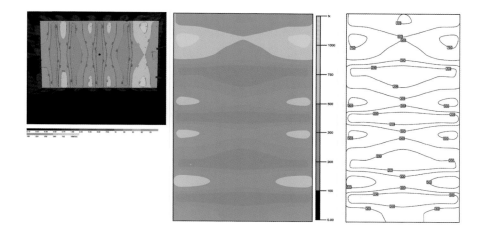

地下一层报告厅照度图

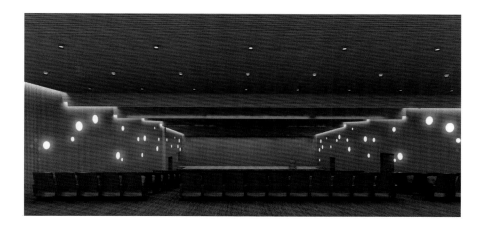

地下一层报告厅效果图

地下室外庭院效果图

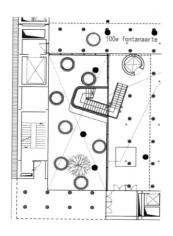

地下一层公共大厅照度图

公共大厅
照度标准：200lx
UGR（眩光）：22
UO：0.4
Ra：80

地下一层门厅效果图

灯具参数

灯具参数

品牌	类型	功率 /W	光束角	光通量 /lm	色温 /K
Yori(O.CD921.HQ12)	LED 凹入式圆形、可调式隐光灯	10	15°	873	3000
Yori(O.MF73D.WW31)	吊灯	13	15°	1500	3000
Yori(O.CD978.HQ31)	LED 凹入式圆形、可调式隐光灯	7	24°	2944	3000
CARIBONI FIVEP	室内环形灯	/	/	1000~3600	/
ARTEMIE（TOLOMEO lamp）	研究室灯具	/	/	/	/
Fontana Arte（AVICO）	中庭灯具	/	/	/	/

上海虹桥福来图书馆和艺术画廊

Shanghai Hongqiao Fulai Library and Art Gallery

项目地点
上海

建筑设计单位
Wutopia Lab
一栋建筑设计

灯光设计单位
上海格锐照明设计有限公司

主设计师
张晨露

设计背景与理念

项目是古北壹号社区泛会所的最后一部分，这个位于上海古北的高端居住区，是一个物质丰饶的场所。发展商精心开发和维护，使得建筑、空间和居住品质都有极良好的保证，小区的公共区域和整体环境有着高端物业的空间传统，表现出令人感叹的优雅、精英的仪式感。建筑师以此作为设计基础，与之鲜明对比地营造了一个柔软、放松的阅读空间。在大理石的泛会所里植入了一片知识的森林，希望居民们被温和地包裹在这个温暖人心

的软性环境中，居住者在此能卸下忙碌追求外界物质的包袱，回归家庭邻里亲近往来的轻松气氛，愿意主动地与同在一个社区但总是彼此错开的邻居结识，促进邻里之间的交流。由此激活邻里社交的潜力。

空间布局

项目由地下一层的亲子阅读区，和地下二层的图书馆及展陈区组成。

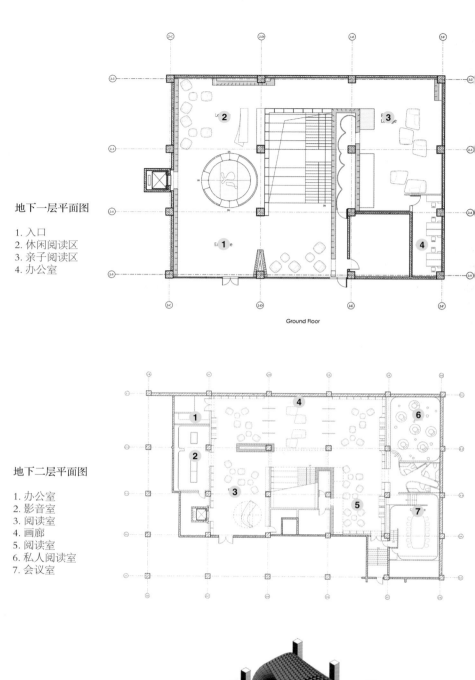

地下一层平面图

1. 入口
2. 休闲阅读区
3. 亲子阅读区
4. 办公室

Ground Floor

地下二层平面图

1. 办公室
2. 影音室
3. 阅读室
4. 画廊
5. 阅读室
6. 私人阅读室
7. 会议室

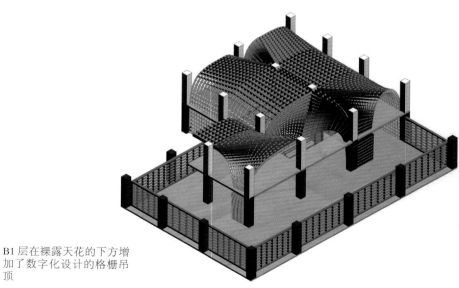

B1 层在裸露天花的下方增加了数字化设计的格栅吊顶

分区照明解析

地下一层（B1层）

在入口层（B1层），曲线的仿木铝板柔和地升起降落，云片状的吊灯蜿蜒穿梭其中，仿佛庭院绿意被最大程度引入室内后，再被提炼形成森林一般自由自在的空间，社区居民可以在这里卸下面具而放松地交往。

B1层属于半地下空间，所有的采光仅来自侧面的玻璃墙。为了给亲子活动空间创造自然柔和的光环境，空间使用了间接照明的方式照亮整个天花，灯带隐藏于弧形铝板格栅之上，营造出仿佛日照采光的效果，消除地下空间的感觉。

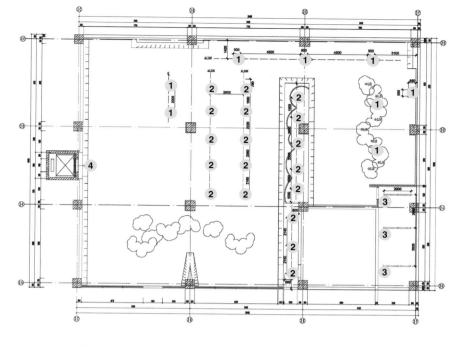

地下一层天花点位图

1. L3 悬挂式下照筒灯，LED，12W
2. L4 悬挂式下照筒灯，LED，12W
3. L5 荧光灯带，28W×2
4. L12 嵌入式下照筒灯，LED，13W

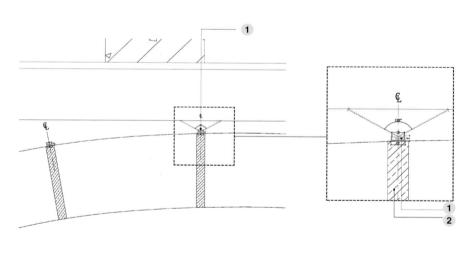

天花格栅内灯具节点图

1. L1 灯带，LED9.6W/m
2. 白色橡木，灯具直接表面安装

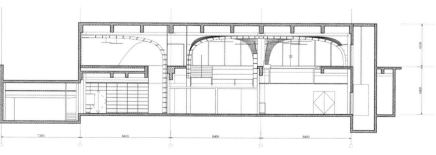

地下一层剖面图

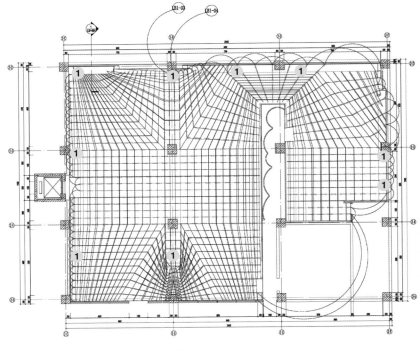

地下一层异形天花灯具布置及控制图

1. L1

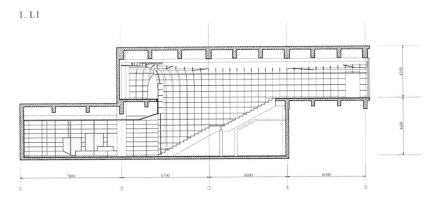

台阶区域剖面图

从 B1 层通往 B2 层的大台阶是空间过渡的重要元素，两侧的书架布置了大量的书籍。作为一个过渡空间，没有刻意地照亮书架，而是让天花上的光从 B1 层向 B2 层自然过渡，仿佛光的瀑布倾斜而下。完成 B1 层和 B2 层不同空间性质的视觉变化。

地下二层 (B2 层)

大台阶面对的是 B2 层的艺术画廊，这是一个多功能空间，这里可以阅览图书、举办小型沙龙、艺术展览等。通过可移动隔断门，该空间可以在不同功能间自由切换。可调节光束角的专业展陈轨道射灯，满足展示各类展品灯光需求。B2层的图书馆和阅读区采用黑色天花和书架，为了增强空间的功能性照明，书架每层采用嵌入式灯槽照亮书籍。嵌入设备带的筒灯满足阅读需求的同时减少灯具本身的眩光感，增强阅读的舒适度。B2 层的私密阅读空间，用一个个清晰的光圈界定了每个阅读者自己的小世界。分别采用全角 12°、光束角 26°的筒灯，为阅读座位和阅读桌提供重点照明。用暗的墙面和天花为阅读者提供宁静的环境。B2 层的卫生间采用与其他空间相对比的浅色饰面，运用镜面背后上下的灯槽，营造柔和明亮的环境，改变使用者在不同空间的心情和视觉感受。

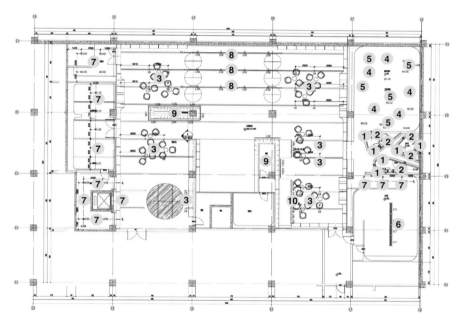

地下二层天花点位图

1. L1 灯带，LED，9.6W/m
2. L4 悬挂式下照筒灯，LED，12W
3. L8 嵌入式下照筒灯，LED，10W
4. L9 下照筒灯
5. L10 下照筒灯
6. L11 T5 荧光灯盘，39W×2
7. L12 嵌入式下照筒灯，LED，13W
8. L13 轨道灯，LED，12W
9. L14 T5 荧光灯带，T528W
10. L14a 洗墙线性灯带，T1624W

地下二层天花
灯具控制图

1. L1 灯带，LED，9.6W/m
2. L4 悬挂式下照筒灯，LED，12W
3. L8 嵌入式下照筒灯，LED，10W
4. L9 下照筒灯
5. L10 下照筒灯
6. L11 T5 荧光灯盘，39W×2
7. L12 嵌入式下照筒灯，LED，13W
8. L13 轨道灯，LED，12W
9. L14 荧光灯带，T528W
10. L14a 洗墙线性灯带，T1624W

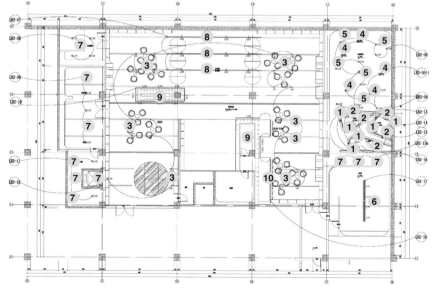

上海明珠美术馆

Shanghai Pearl Art Museum

项目地点
上海

设计师
庞磊

设计背景与理念

上海明珠美术馆是由红星美凯龙家居集团与上海新华发行集团合作的非营利性民营美术馆，邀请日本建筑大师安藤忠雄操刀设计。下层是 1720 m² 的新华书店，上层是 1980 m² 的明珠美术馆，连接书店和美术馆的是一个蛋形的多功能活动区，该区域拥有一个巧妙的穹顶。

明珠美术馆空间设计主题是"Light Space"（光的空间），不仅有安藤忠雄标志式的混凝土墙，顶部还设计了可以将自然光透射到地面的三角形"天窗"。在照明设计中，我们特别注重灯具的隐藏，在书店区域，天花隔栅之间的轨道灯和书架层板的灯带都尽可能地隐藏在结构当中，在美术馆区域，整个展厅都以洗墙灯柔和的白色作为主基调，在宽敞的空间之中，以线条光带为视觉线索，"引领"观众一步步走进大师的世界；美术馆地面上用投光灯加定制的投光片形成三种光影图形：方、圆、三角。这不仅是美术馆设计的重要元素，更是安藤作品中的重要标志元素。在多功能厅内，我们设计了穹顶上无缝连接的投影，并用四周隐藏安装的投光灯将投影和环境巧妙融合为一体。在灯光场景的设置上，我们也安排了观影、发布会、宣讲、活动等多个主题，真正让照明成为体现展厅"多功能"之间切换的重要手段。

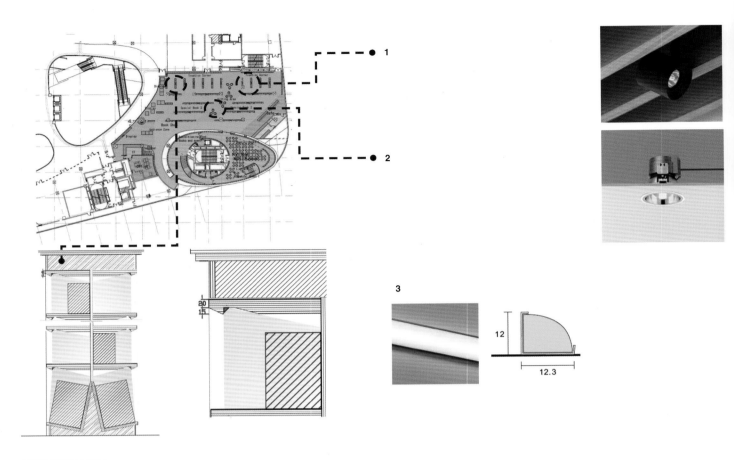

展示区照明示意图

1. 展示区天花有格栅覆盖。常用的嵌入式灯具难以避免在格栅上形成高亮的光斑。建议在格栅之间安装轨道射灯，灯头位置低于格栅
2. 石膏板天花嵌入安装筒灯
3. 书架内部整合 LED 线性光源。功率约 10W/m，宽角度，每层书架有独立的照明；层板增加到 35mm 厚度，在保证承重的前提下完全隐藏光源；层板前部可以做斜角处理，使层板看起来不至于太厚重

分区照明解析

展示区

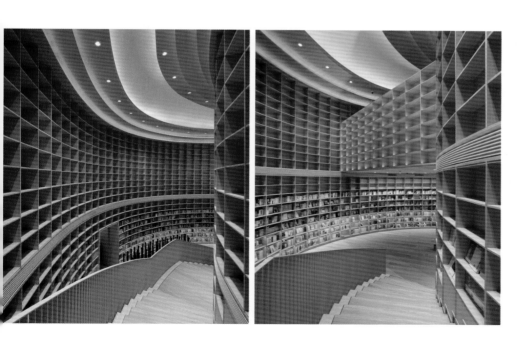

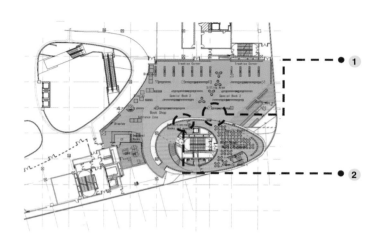

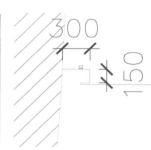

走廊照明示意图

1. 走道中部安装筒灯补充基本照明
2. 靠近 Over Room 的墙面设置天花灯槽，内部嵌装线形洗墙灯，灯具距墙面 200~250mm，
灯具中线对准灯槽向内翻边的边沿，更好地隐藏灯具和减少眩光

走廊

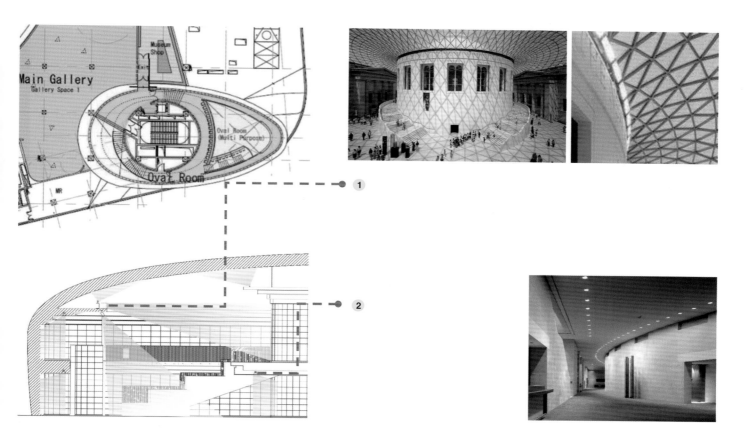

中心圆柱区照明示意图

1. 房间中央的圆柱体立面没有被楼梯和平台遮挡的部分，通过四周书架顶端安装的投光灯照明
2. 房间中央的圆柱体被楼梯和平台遮挡的部分，通过平台下方嵌入的洗墙灯照明

中心圆柱区

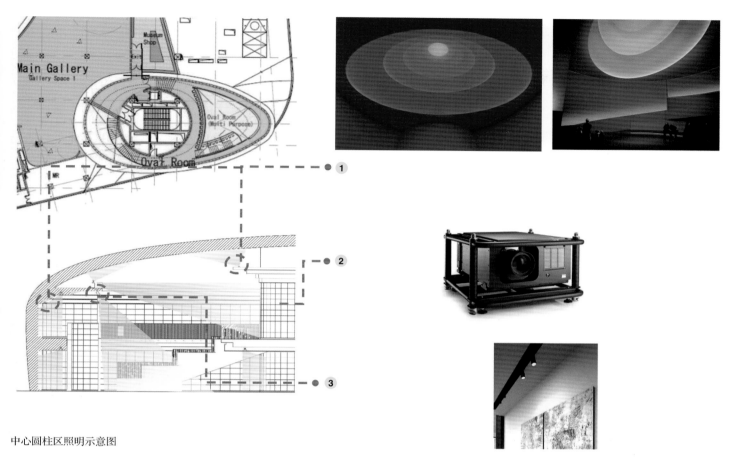

中心圆柱区照明示意图

1. 沿天花叠级造型安装线性 RGBW 投光灯，为穹顶增加氛围照明。平日可以模拟自然白光，
色温从早到晚逐渐从冷变暖，夜晚和特殊场合可以增加一些色彩
2. 圆柱体内部有投影
3. 嵌入轨道灯为下方座位区提供照明

上海自然博物馆

Shanghai Natural History Museum

项目地点
上海

灯光设计单位
上海瑞逸环境设计有限公司

主设计师
胡国剑

设计团队
李健、刘志腾

用地面积
12,029m²

总建筑面积
45,086m²

地上建筑面积
12,128m²

地下建筑面积
32,958m²

展览教育服务面积
32,200m²

设计背景与理念

上海自然博物馆新馆的总建筑面积为
45,086m²。其中，地上三层，高 18 米；
地下两层，深 15 米。建筑的整体灵感
来源于鹦鹉螺的壳体形式，这一简单
而又经典的生物形式在地球上已持续
存在几百万年，寓意着博物馆人"管
理自然遗产、守护地球家园"的神圣
使命。螺旋上升的绿色屋面"冉冉升
起"，而博物馆的功能区便置身于这
一绿色长带下。一座巧妙围合的椭圆
形水池，成为整个建筑的参观流线的
中心焦点，它象征着 71% 的地球表面
以水覆盖，水面带来的水的波纹、质感、
动感、声音和反射，则成为博物馆体
验的一部分。博物馆的铺地和外墙表
面由各种石头图案组成，使人联想到
地球的地质构造层。岛状植物组群起
伏地分散其间，被喻为上海自然博物
馆新馆的"原始森林"。入夜后，"森林"
被灯光照亮，也反射灯光，减少了室
外灯柱的需要。上海自然博物馆建筑
不仅要符合《公共建筑节能设计标准》，
还将成为上海市节能建筑示范项目，
争取达到国家绿色建筑评价标识三星
级标准。

地球上的物种正朝着前所未有的速度
走向灭绝，气候变化、环境污染、森
林破坏……人类一直走在一条不可持
续的道路上，在反思历史、面向危机
的时刻，参观当代自然博物馆可以让
公众了解生物的多样性、了解自然资
源、了解地球环境。新建的上海自然
博物馆正是承担了这样的社会使命，
不仅延续其老馆展示和学术的功能，
更要承载与社会相融的教育活动。

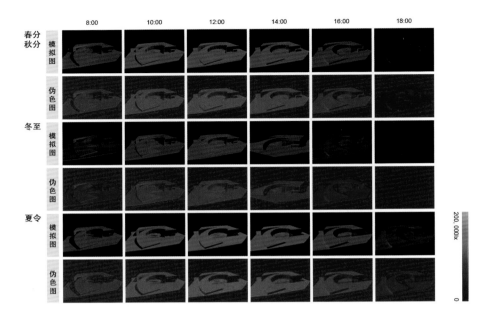

		8:00	10:00	12:00	14:00	16:00	18:00
春分秋分	模拟图						
	伪色图						
冬至	模拟图						
	伪色图						
夏令	模拟图						
	伪色图						

200,000lx — 0

自然采光整体光照分析

10,000lx   1,000lx   0

地下二层展区自然光与人工光概念设计分析

设计理念

上海自然博物馆目前拥有 28 万余件藏品。19 世纪中晚期英国创办的亚洲文会上海博物馆和法国天主教会创办的徐家汇博物馆（后更名为震旦博物馆）成为上海自然博物馆标本和藏品早期展品的来源。如今展品为华东地区乃至全国及世界各地的自然界和人类历史遗物，分别隶属于植物、动物、古生物、地质及人文五大类。美国的帕金斯威尔建筑设计公司赋予新馆永恒的自然形态——螺壳。博物馆的参观流线围绕中心景观布置，展厅在螺旋式的空间流线中逐一呈现。与传统博物馆不同的是，自然光成为展厅的重要的光源之一，这也成为照明设计中重要的考虑内容。上海自然博物馆与上海博物馆、上海当代艺术馆和中华艺术宫、科技馆这些大型展馆相比，展品更具有生物多样性，展教的主题聚焦本质问题、重大问题，但又不能流于说教、呆板的传统方式，这也对展陈的核心问题——光提出了新的挑战。

分区照明解析

"演化的乐章"主题

"演化的乐章"回溯了自然界波澜壮阔、跌宕起伏的演化历程，以及宇宙和地球的由来、生命演化过程中的大事件，并剖析生命演化的内在机制。

"起源之谜"展厅

展厅的视觉焦点是位于中心的球体，巨大的外形暗示着隐匿其后的玄机——内部是一座带有动感座椅、杜比全景音响和多种特效的四维影院，透光的穿孔板外壳巧妙地减轻了球体的重量感，蓝色光晕从背后若隐若现，渲染出展厅的神秘而又略带科技感的整体色调。环形蓝色吊灯组合变换多样，不断强化圆形这一要素——这是宇宙中最稳定的形态。展厅入口是公共大厅和主展厅的重要视觉过渡区域，参观者从室外夏至最高日照几万勒克斯到主展厅几千乃至几百勒克斯的照度等级，该区域起到很重要的衔接作用。照度刻意控制在较低的水平，成为视觉引导的起点。展品和展板的照明主要通过隐藏在装饰灯背后的深色导轨灯来提供，柔和的暖色调为展品和展板提供适度的阅读照明，与冷色调的太空环境形成对比，同时成为环境中第二亮度等级。而地面和其他区域受到环境光的照射，散发出蓝色的基调。展厅的末端设置了一扇彩色玻璃窗，自然光透过低透光率的蓝色图案，呼应展示主题并为下一展区提升了亮度等级，玻璃表面亮度随着日光的变化被不断调节，巧妙地营造了动态的自然光过渡区。

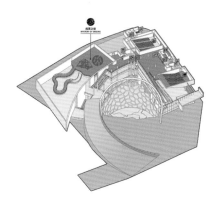

位于第二层的"起源之谜"展厅

精心控光的透视幕帘，巧妙平衡室内展示照明和室外自然光

生命长河展厅

"生命长河"展厅讲述了地球上的生命历经孕育、变异、繁盛和衰亡的过程。通过标本和复原模型，将已凝成化石的过客和现存的生物汇聚在展区内。老自然博物馆的镇馆之宝合川马门溪龙、黄河古象，与世界上最大的恐龙之一阿根廷龙机电模型组成丰富多样的展品群，配合精心布置的光线打造出馆内最震撼人心的一幕。

展品从水中鱼类、无脊椎动物、水生植物，横跨到陆地爬行动物、哺乳动物、各类动植物和鸟类。隐藏于天花格栅内的 LED 投射灯具为生物模型提供合适照度、角度照明，将展品栩栩如生地呈献给观众。人工照明的难点之一在于与高强度的自然光进行视觉平衡。经过大量的计算和实验，采用特定透射率的透视幕帘，既可欣赏馆外的白日景观，又与馆内的光环境形成微妙的平衡，营造舒适的视觉环境，避免高对比造成的眩光或者传统展示"暗室"的昏暗感。通过智能控制系统，进一步根据白天自然光的变化，调节合适的照明等级，形成动态的"混光"环境。

展厅还包含了"体验自然"主题区，区域整体为一个开放敞开式的空间，以活体养殖为主，引导观众触摸自然、观察自然。作为活体养殖区后台维生系统的重要环节，该区域的灯光也充分征询生物专家意见，严格控制光线的强度和光谱范围，保持生物的活力和生命的质感。

上海自然博物馆 B2 层展区自然光与人工光概念设计分析

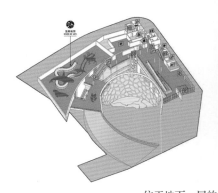

位于地下一层的"演化之路"展厅和"未来之路"展厅

"生命长河"展厅（白天）

"生命长河"展厅（傍晚）

"生命长河"展厅寒武纪、三叠纪、白垩纪和新生代四个地层剖面构成的"地球时钟"，采用上下 LED 线条灯具进行掠射，刻画具有历史质感的地层

"寒武纪大爆发"展厅剧院

"达尔文中心"中央圆形的发光天棚

"演化之道"展厅

演化是生命世界永恒的主题。在漫长的演化历程中，从原始的单细胞生物到简单的多细胞生物，再到纷繁复杂的动植物，生命从低级走向高级，足迹遍布海洋和陆地。"寒武纪大爆发"将展览焦点聚焦在独立的垂直展柜和周围的展板上。位于展览侧翼的剧院为观众提供展现生命奇迹的影音体验，隐藏在通道底部的灯具模拟海底深邃的光线；"恐龙盛世"中爬行动物占据了整个展区，导轨的布置是照明的关键，灵活的可调角轨道灯组合照亮展台上和从天花吊下的标本，突出展览和流线，将观众自然地导向"古兽生境"展厅；"古兽生境"展板、展台、展品层次丰富，照明将七个大型展台作为展厅第一层次，每个展台上沿用嵌入式弧形导轨来组合或控制灯具，图文板、边柜和平柜成为第二亮度区；统一有序的照明系统为"从人到猿"提供层次清晰的图文和展柜照明；"达尔文中心"巨大的圆形发光顶棚照亮周边的展板，加强了空间的视觉层次；"未来之路"以丝网印刷的玻璃墙为主，背后隐藏的灯光利用玻璃的透光性提供垂直面的整体照明，而顶部的导轨灯提升了玻璃上的图文阅读质量。

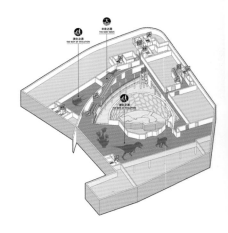

位于B1层的"演化之道"展厅
和"未来之路"展厅

"古兽生境"展厅的七个大型展台

"古兽生境"展厅的嵌入式边柜和平柜，小型投射灯和线条灯隐藏在柜体内提供照明

"从猿到人"展厅的垂直展板照明、展柜照明和屏幕，层次清晰，重点区亮度统一

"文明的史诗"主题

"文明的史诗"回溯了人类文明的兴衰历程，阐释人类文明在起源、发展、兴替过程中与自然环境的依存关系，体现文化多样性与环境多样性之间的密切关系。

探索中心是馆内特设的教育活动区域，约1200m²，以青少年、学生团体、亲子团体为主要受众，强调观众，特别是青少年观众在动手参与的过程中进行科学的探究和发现，高照度、4000K的色温和均匀分布的照明为年轻观众们提供良好的学习场所。

"大地探珍"展厅

矿物和岩石构成了岩石圈，记录了地球几十亿年的演化与变迁。展区诠释承载生命和人类发展的岩石、土壤、矿产、地貌的由来和属性。导轨安装的灯具采用高显色性、低色温的光源，突出凝聚天地精华的地质宝藏，隐藏在展柜背板后的背光照明，与展品形成合适的亮度对比，为观众展示清晰锐利的矿石细节。

"人地之缘"展区

"人地之缘"展区解读在人类文明史上人类活动与自然环境之间的相互作用；"农业溯源"展示了人类一万年前的农业进程；"中华智慧"总结出因地制宜的生活智慧和特色鲜明的地域文化。展板结合展品的照明成为这个展区的主要照明手段。

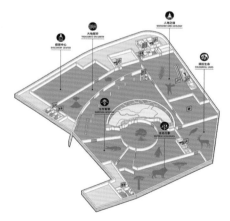

位于地下二层的"探索中心"
"大地探珍""人地之缘""缤纷生命"
"生存智慧"和"生态万象"展厅

"生命的画卷"主题

"生命的画卷"带来多姿多彩的生命世界，展示自然界的神奇与美丽的同时，阐述出各种生物为了生存和繁衍而演化出各种"智慧"。

"生态万象"展厅

"极地探索"采用冷白的光色模拟冰冷、明亮的基地环境。大量的发光灯箱模拟银白反光的冰雪地面，局部的导轨灯为极地的动物模型提供良好的面部照明；"非洲草原"利用灯光模拟不同时间段下的非洲大草原，通过多组不同色温的灯具组合形成暖白到冷白的自然光模拟效果。

"缤纷生命"展区

通过生命的美丽与神奇彰显物种的多样性。导轨依据展览的竖向布置风格进行布局，不同配光、瓦数的灯具用于照亮高低错落的不同展品，低色温的卤素灯与木质暖色的展柜和装饰相匹配，营造温暖怡人的展示光环境。

"生存智慧"展区

大自然如同一个竞技场，经过亿万年的演化，每一种生物都练就了一套独门秘籍。它们各自不同的取食谋略和繁衍策略，成为种群延续的两大利器。
"生存智慧"展区，展现自然界中鲜活的案例，解读世间万物繁衍生息的智慧，每个独立展柜和嵌墙壁柜都带有独立的柜内小型射灯，周边的展板通过导轨布光灯进行照明。

"极地探索"展厅，利用发光灯箱模拟冰雪反光的地面

相关参数

照度参数

展厅名称	环境照度 /lx	标本或展品照度 /lx	展板或图文照度 /lx
起源之谜	< 50	300 ～ 500	100 ～ 230
生命长河	100 ～ 300	300 ～ 900	150 ～ 300
寒武纪生命大爆发	50 ～ 100	300 ～ 500	150 ～ 300
生命登陆	50 ～ 70	300 ～ 500	150 ～ 250
恐龙盛世	100 ～ 150	450 ～ 700	150 ～ 280
古兽生境	< 50	300 ～ 500	60 ～ 130
从猿到人	< 50	200 ～ 300	100 ～ 200
达尔文中心	< 50	/	100 ～ 200
未来之路	50 ～ 100	/	100 ～ 230
生存智慧	< 30	/	100 ～ 130
极地探索	50 ～ 100	450 ～ 700	100 ～ 200
缤纷生命	30 ～ 70	300 ～ 500	100 ～ 150
地缘风采	30 ～ 70	300 ～ 500	100 ～ 150
大地探珍	< 50	300 ～ 500	100 ～ 150

中国国际设计艺术博物馆

China Design Museum

项目地点
杭州

照明设计团队
方方、易宗辉

建筑设计团队
阿尔瓦罗·西扎 、卡洛斯·卡斯特涅拉

照明工程单位
杭州东昊照明工程有限公司

摄影师
雷徐君

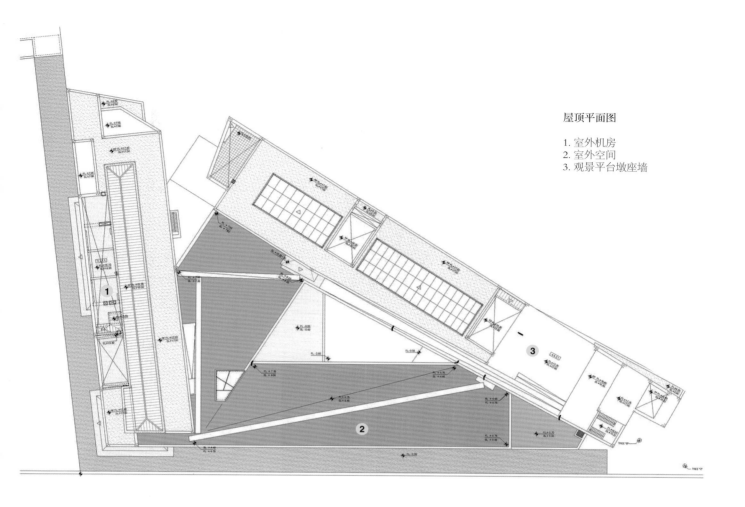

设计背景与理念

中国国际设计博物馆（中国美术学院象山校区）由普利兹克奖得主、葡萄牙著名建筑师阿尔瓦罗·西扎（Alvaro Siza）设计。从筹备到落成，历经 5 年时间，它成了国内第一个独立意义上的设计博物馆，全球不超过 5 个。博物馆总面积达 1.68 万 m²，除展厅外，还拥有儿童工坊、设计品商店、咖啡馆、餐厅和屋顶花园等，适合建筑、设计、艺术爱好者，也适合亲子参观。外墙用红色阿格拉砂岩砖包裹，构成三角形空间，辅以米白色大理石，是西扎典型的现代主义建筑风格。内部是简洁、纯粹的白色，又充满方形和三角

形的几何元素，充满了设计感。西扎的作品，简单到极致，却又充满质感。天光和人工模拟光在其中作为建筑的另一种表情，其简洁的形式被用于表现建筑内在的丰富性，基于重视细部、重视建筑与人的亲和性基础之上的对建筑"简约"的追求。在他的作品中，人们能看到大量从顶面倾斜而下的光线，在比较新的作品中，光线的模拟还结合了天花回光槽节点的深浅大小做了变化，使得形式更加丰富。

起初，考虑到建筑的布展使用功能，照明设计师建议在相关地方增加可扩展的重点照明方式，包括线性和点状照明多种考虑方向，但是前后 3 个方

案都被推翻，建筑方出于建筑的完整性考虑，要求不做任何重点照明设计，所以照明的设计方向变为把建筑空间变成展览的一部分，在照明设计师和建筑师的沟通结果下，展品不是陈列布置于空间中，而是自然生长浸染在其中。因此，照明的工作重点就在于如何充分尊重建筑的特性，拒绝一切人工形式的干扰。把重心放在直接照明的线性灯带和间接照明的灯槽内，如何精确地把握空间的关系和表现西扎作品室内外界限模糊感，并且在智能控制方面尝试结合现场设计不同以往的控制方式。而不考虑任何可能看到光源的直接照明方式。

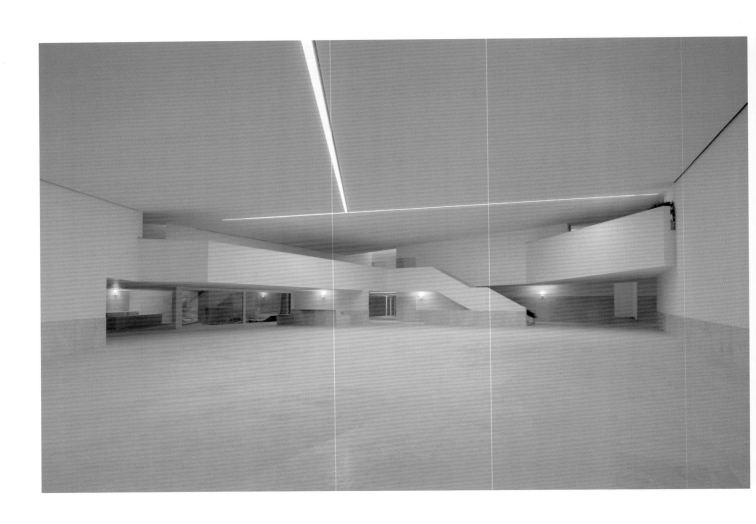

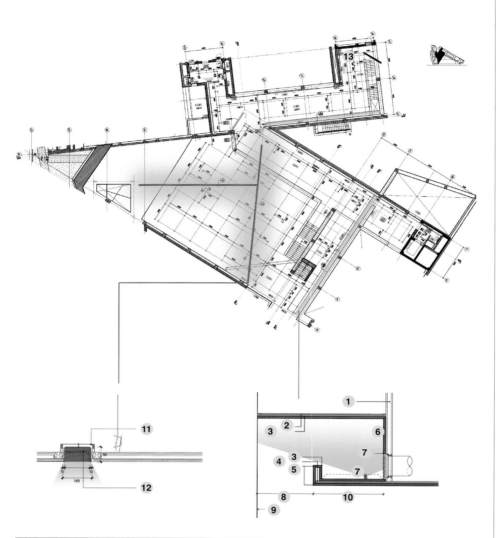

分区照明解析

大厅

建筑师甚至要求空调风口也要隐藏在灯具的收边缝隙中。这种方式是之前的项目中都不太会用到的。出于慎重，我们的工作方式是每个场所都建模—计算—模拟效果—确认—绘制施工图。当我们工作时，展览大纲未定，所以所有的模拟图都没有家具和展陈方式。

国际馆使用的产品相对种类较少，而空间结构的高度都不太相同，照明设计过程中，在和建筑师沟通分析完场所的精神之后，照明设计师确定了极度简约的照明方式。

大厅平面光晕图

1. 石膏板吊灯龙骨
2. 次龙骨
3. 石膏板厚度 15mm
4. U 形龙骨 30mm×30mm×0.5mm
5. 石膏板护角
6. 空气阀或空气栅格 ≤ 200mm
7. 照明／电等设备的预留空间
8. 靠近墙时距离 400mm
9. 墙体完成面
10. 500mm
11. 灯具支架
12. 定制线条灯
13. "DouRo" 灯

灯光模拟图

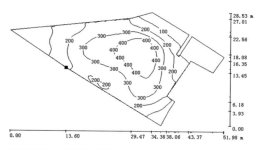

户外场景内表面的位置：
标出的点：
8000m, 23.700m, 0.168m

单位为 lx, 比例 1 ： 372

网格：128×64

| 平均照度 230lx | 最小照度 11lx | 最大照度 500lx | 最小照度 / 平均照度 0.047 | 最小照度 / 最大照度 0.021 |

大厅地面等照度图

计算分析

建筑师甚至要求空调风口也要隐藏在灯具的收边缝隙中。这种方式是之前的项目中都不太会用到的。因此照明设计工作方式是每个场所都建模—计算—模拟效果—确认—绘制施工图。由于工作时，展览大纲未定，所以所有的模拟图都没有家具和展陈方式。

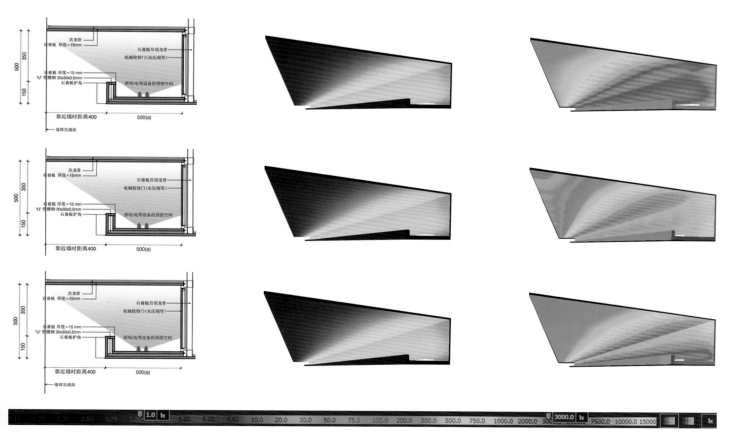

大厅照度计算

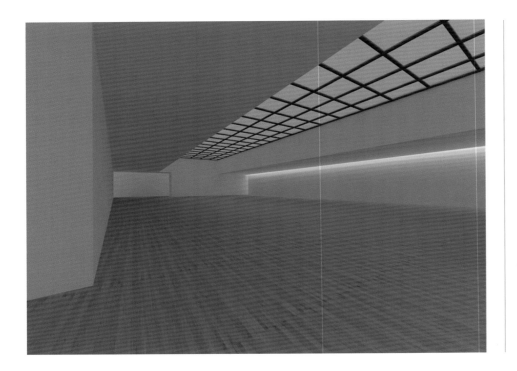

天光展厅

灯光模拟图

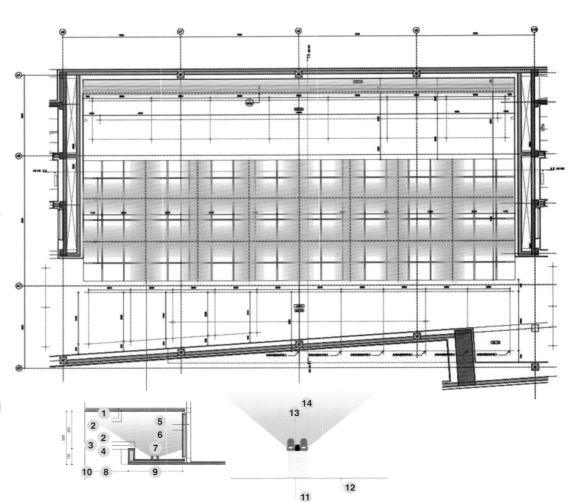

天光展厅光晕图

1. 次龙骨
2. 石膏板厚度 15mm
3. U 形槽钢
   30mm × 30mm × 0.5mm
4. 石膏板护角
5. 石膏板吊顶龙骨
6. 机械检修门（水压阀等）
7. 照明 / 电等设备的预留空间
8. 靠近墙时距离 400mm
9. 500mm
10. 墙体完成面
11. 工字钢
12. 灯膜
13. 变压器
14. 灯馆

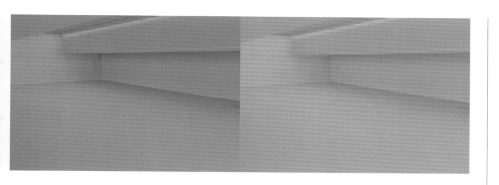

博物馆的顶层拥有两个天然采光展厅，其顶面由玻璃—电动窗帘—采光板组成，建筑师着迷于将天光引入室内，照明设计师在这里根据分割结构，重新设置了向上的双层大功率灯具，力图在天光不那么充足的情况下，补充顶面照明扩散明朗的照明效果。

在完全没有采光的情况下，墙面展览照度最高大约为 160lx，在不同情况下，通过调整电动窗帘调整采光量。

| 夏天早上 9:00 | 夏天中午 2:00 |

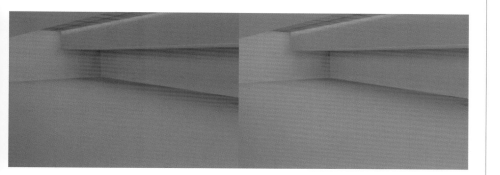

| 冬天早上 9:00 | 冬天中午 2:00 |

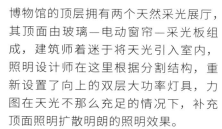

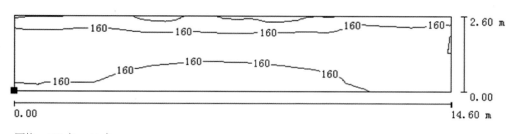

网格：128 点 ×64 点

| 平均照度 158lx | 最小照度 134lx | 最大照度 188lx | 最小照度 / 平均照度 0.846lx | 最小照度 / 最大照度 0.710lx |

墙面无天光模拟计算

办公室

办公室内的天花被要求极度简洁，务必营造工作中的仪式感，所以最终方案是基础照明仅考虑形式美和通行需求，桌面的照度依靠台灯补充。

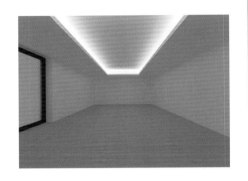

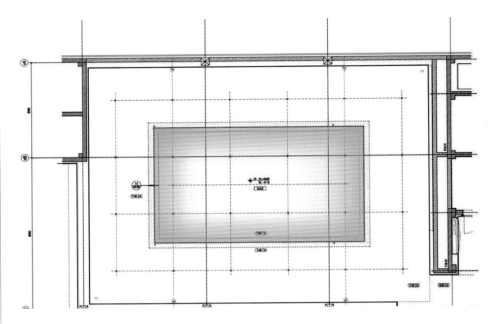

办公室灯光效果模拟

办公室光晕图

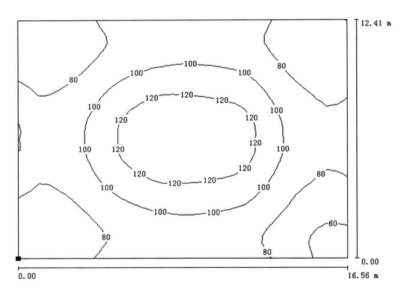

户外场景内表面的位置
标出的点：15.940m，19.000m，0.179m

网格：32 点 ×32 点

| 平均照度 93lx | 最小照度 49lx | 最大照度 136lx | 最小照度 / 平均照度 0.525lx | 最小照度 / 最大照度 0.357lx |

办公室照明模拟计算

展厅照明分析

下图为模拟效果，计算结果不是很理想，第二次的方案中，顶面中部增加了一条直接照明灯条，并用 zig-bee 调光技术，实现场景的切换。

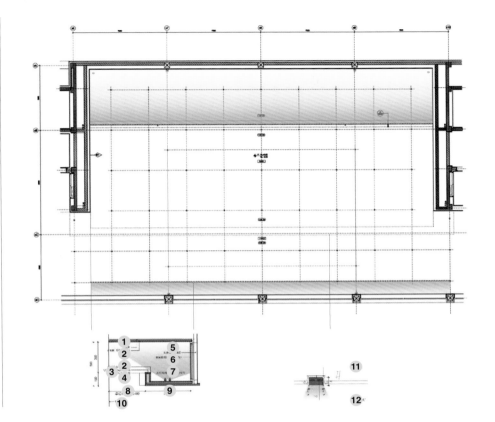

■ 展厅照明光晕图

1. 次龙骨
2. 石膏板厚度 15mm
3. U 形槽钢 30mm×30mm×0.5mm
4. 石膏板护角
5. 石膏板吊顶龙骨
6. 机械检修门（水压阀等）
7. 照明 / 电等设备的预留空间
8. 靠近墙时距离 400mm
9. 500mm
10. 墙体完成面
11. 灯具支架
12. 线条灯

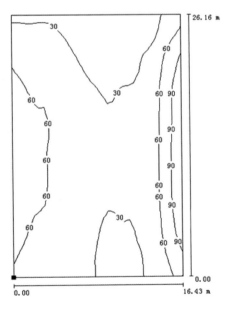

户外场景内表面的位置
标出的点：16.600m，12.239m，0.098m

网格：32 点 × 32 点

平均照度 45lx	最小照度 14lx	最大照度 114lx	最小照度 / 平均照度 0.308lx	最小照度 / 最大照度 0.122lx

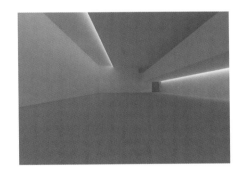

办公室灯光效果模拟

单位为 lx，比例 1：205

地面第一次模拟计算效果

多功能展厅

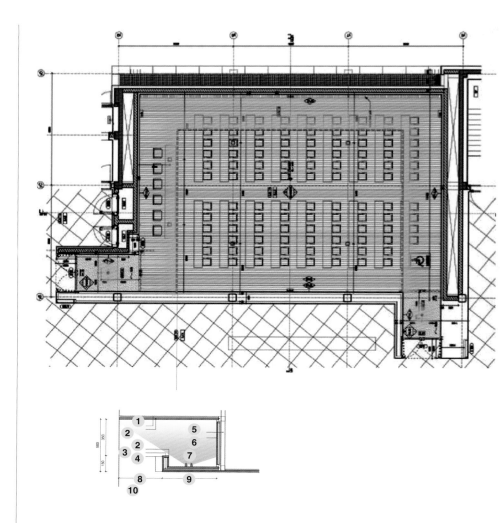

多功能展厅光晕图

1. 次龙骨
2. 石膏板厚度 15mm
3. U 形槽钢
30mm×30mm×0.5mm
4. 石膏板护角
5. 石膏板吊顶龙骨
6. 机械检修门（水压阀等）
7. 照明／电等设备的预留空间
8. 靠近墙时距离 400mm
9. 500mm
10. 墙体完成面

相关参数

采用 zig-bee 技术智能调整光线的强弱。

灯具参数

品牌	类型	功率 /W	色温 /K	光通量 /lm	尺寸 /mm	数量 / 套
Philips	LED rack	16	4000	1600	1200	600
Philips	LED rack	40	4000	4000	1200	850
Philips	LED rack	20	4000	4000	600	300
Philips	LED rack, DALI control	40	4000	4000	1200	500
Philips	LED rack, DALI control	20	4000	4000	600	140
定制灯	LED custom linear lamp，DALI control	72	4000	/	长度 =2400，宽度 =150	98
定制灯	LED custom linear lamp	60	4000	/	长度 =2400，宽度 =110	15
Philips	wall lamp	28	4000	/	1200	22
Philips	LED lamp disc	18	4000	/	/	6
REGGIANI	ofu lamp	26	3000	/	/	12
CLIMAR	LED DOURO AP-3	26	4000	/	/	41
CLIMAR	LED DOURO AP-5	28	4000	/	/	98
Philips	LED ceiling lamp	15	4000	/	/	10
Philips	LED ceiling lamp	15	4000	/	/	17

北京鱼鲜生

Mr. Fish

项目地点
北京

室内精装设计单位
唐裕铃设计工作室

灯光设计单位
优米照明设计（上海）有限公司

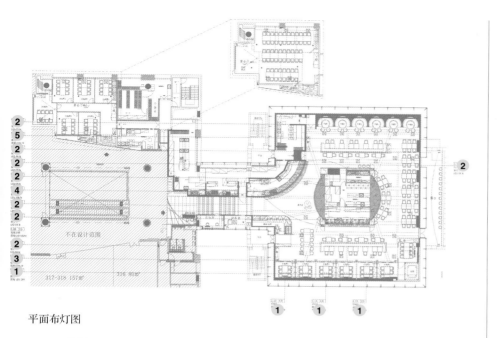

平面布灯图

1. ISW3 壁灯，LED，15W
2. ILL1 软灯带，5W/m
3. ISW2 壁灯，LED，7W
4. ILL3 软灯带，LED，10W/m
5. IFS1 落地灯，LED，7W

设计背景及理念

北京银泰 IN 99 的鱼鲜生是继广州高德冬广场总店、四川成都太古里第二分店的全国第三分店，依然以海洋为设计主题来映衬来自海洋盛宴。通过开放式的大堂设计，甜品吧台、烧烤吧台、寿司吧台和酒吧台穿插其中，犹如鱼市交易时的熙熙攘攘，热闹气氛十足，满足部分喜欢热闹用餐氛围的顾客的需要。但同时，小包房和半开放包房的设计可以满足喜欢私密用餐环境或商务顾客的需求，并最大限度地丰富各种用餐体验。门口的海鲜食材展示吧台和时尚入口"时光隧道"的设计，以深邃的蓝色让你一进门就感受到一股强烈的海洋气息，然后带领你进入"鱼鲜生"正为你准备的从食材到设计的奇妙海底世界！黑色、金色和深蓝色的巧妙运用，加上灯光设计的配合，营造出一个神秘而轻奢的空间。除了特色的入口设计以外，另一吸引眼球的设计就是特邀广州知名跨界艺术家黄薇小姐创作的巨幅"东海图"。从初期开始设计邀约到后期探讨各种实施可能，最后锁定用马赛克进行二次创作，让它更好地展现在弧形墙面上。

天花布灯图

1. IDF1 嵌入式下照筒灯，LED，10W
2. IDA5 格栅筒灯，LED，2×15W
3. IPS8 吊灯，LED，300W
4. IDA5 格栅筒灯，LED，2×15W，
   IDA6 格栅筒灯，LED，15W
5. IDA6 格栅筒灯，LED，15W
6. 光纤回路，LED，500W
7. IDA7 嵌入式可调筒灯，LED，5W
8. IDA1 嵌入式可调筒灯，LED，14W
9. IDA2 嵌入式洗墙筒灯，LED，15W
10. IDA4 嵌入式可调筒灯，LED，7.5W
11. IPS7 吊灯，LED，7W
12. IDA2 嵌入式洗墙筒灯，LED，15W，
    IDA3 嵌入式洗墙筒灯，LED，14W
13. IDF2 嵌入式下照筒灯，LED，5W
14. ITL2 轨道灯，LED，15W
15. ITL1 轨道洗墙灯，LED，25W
16. IPS3 吊灯，LED，300W
17. ILL4 软灯带，LED，10W/m
18. ITL3 轨道灯，LED，15W
19. ILL5 线性洗墙灯，LED，25W/m
20. IPS5 吊灯，LED，15W
21. IPS6 吊灯，LED，60W
22. IPS2 吊灯，LED，9W
23. ILL6 线性灯，LED，6W
24. ILL3(白光) 软灯带，LED，10W/m
25. ILL3(蓝光) 软灯带，LED，10W/m
26. ILL2 表面安装线性洗墙灯，18W/m

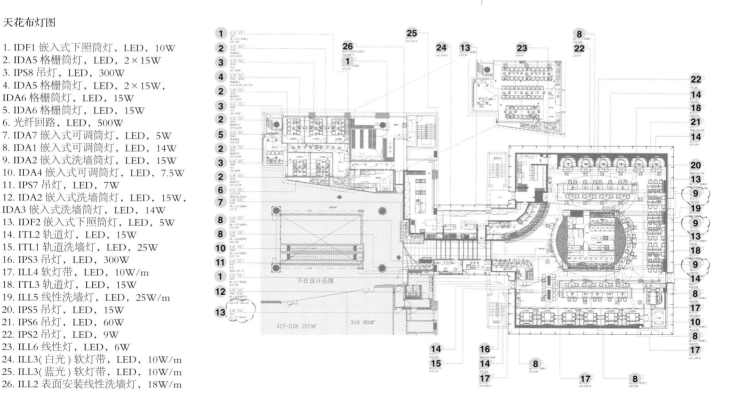

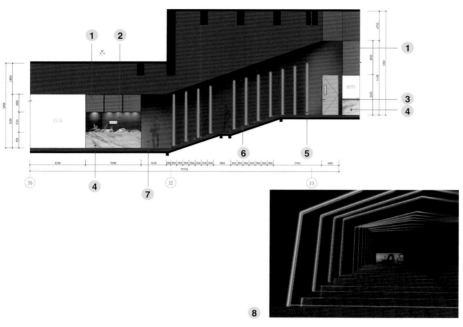

分区照明解析

入口

结合精装主题，灯光处理上也进行了特殊化的设置。餐厅入口采用了"蓝白"色光源 LED 灯带将台阶空间照亮，灯带由墙面延续到地面直至天花板，形成极具梦幻感且引人入胜的入口空间。该处的灯光技术有两个要点：入口台阶空间既要创造蓝色的空间氛围，同时又要有良好的显色性以保证顾客停留、拍照，通过时能有良好的颜色反应，因此在灯光处理上，同时提供了蓝光和高显色性白光灯带，1∶1 配置功率，最终呈现的效果良好地实现了这一初衷；LED 灯带在天地墙上要连续，同时在台阶踏面上不能产生眩光，为此天地墙都采用了统一的高强度亚克力表面灯带，满足灯带在地面踩踏的要求，地面与墙面、天花板亮度又实现统一，在踏面的 LED 灯具埋设上，将灯具紧靠梯面埋设，在满足视觉效果的同时，通过视觉关系形成良好的防眩光处理。

入口彩色立面

1. 金属网罩
2. 蓝色马赛克
3. 同色金属台面
4. 爵士白石材
5. 槽钢内嵌灯带
6. 地灯
7. 蓝灰色镜面玻璃
8. 楼梯槽钢造型内嵌可调温灯带

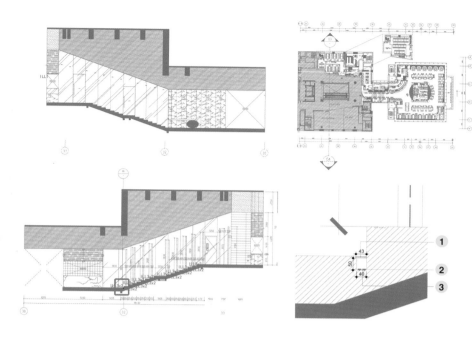

东海图

经入口台阶拾级而上，映入眼帘的就是一幅由地面通向天花板的马赛克拼绘而成的海洋主题立面壁画——"东海图"，灯光采用 wallwasher 墙照明装置系列灯具，将整个立面通体照亮。

楼梯立面布灯图及节点图

1. 亚克力厚度 >80mm
2. ILL3 LED 灯带，10W/m
3. U 形卡槽，安装灯带用

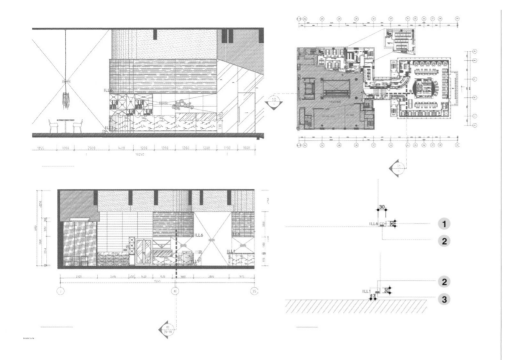

沿入口壁画两侧通道分别是烧烤区和冷饮区，灯光分别将背景及操作台面照亮；沿通道继续往前，就是餐饮区，餐饮区分为卡座区和包厢区，根据不同的区域，采用不同形式的花灯以烘托氛围。

立面布灯图及吊柜灯带节点图

1. ILL6 LED 灯带，5W/m，此灯带为带亚克力遮罩的侧发光灯带
2. U 形卡槽安装灯带用
3. ILL1 LED 灯带，5W/m

相关参数

灯具参数

型号	类型	功率	功能区
ISW3	壁灯	15W	餐区
ILL1	软灯带	5W/m	餐区
ISW2	壁灯	7W	餐区
IFS1	落地灯	7W	餐区
ILL3	软灯带	10W/m	餐区
IDF1	嵌入式下照筒灯	10W	包间天花板
IDA5	格栅筒灯	2×15W	包间天花板
IDA6	格栅筒灯	15W	包间天花板
IDA7	嵌入式可调筒灯	5W	入口
IDA2	嵌入式洗墙筒灯	15W	入口
IDA4	嵌入式可调筒灯	7.5W	入口
IPS7	吊灯	7W	入口
IDF2	嵌入式洗墙筒灯	5W	餐区天花板
ITL2	轨道灯	15W	餐区天花板
ITL1	轨道洗墙灯	25W	餐区天花板
IPS3	吊灯	300w	餐区天花板
ILL4	软灯带	10W/m	餐区天花板
ITL3	轨道灯	15W	餐区天花板
ILL5	线性洗墙灯	25W/m	餐区天花板
IPS5	吊灯	15W	餐区天花板
IPS6	吊灯	60W	餐区天花板
IPS2	吊灯	9W	餐区天花板
ILL6	线性灯	6W	餐区天花板
ILL3	（白光、蓝光）软灯带	10W/m	餐区天花板
ILL2	表面安装线性洗墙灯	18W/m	餐区天花板

成都龙泉驿万达影城

Longquan Wanda Cinema, Chengdu

完成时间
2018 年

室内设计单位
深圳凯捷装饰工程有限公司

灯光设计单位
广州灯光社照明设计有限公司

灯光设计师
魏未

设计背景及理念

与传统万达影城不同，龙泉万达影院是一家艺术主题影院，传达共享艺术经典，践行万达时光美术馆的核心理念——"艺术生活化，生活艺术化"，让名家艺术经典走进百姓生活。

龙泉驿影城是国内首家中式风格的艺术主题影院，既保留了万达影城传统经典元素，更将传统中式风格作为主调，包括中国水墨、中国书法、油画、摄影在内的架上艺术经典也首次完整地走进万达影城，把一个普通的影院通道装点成为极富中国文化气息的艺术长廊！

结合本案影城的运营定位及室内设计的风格，以呈现更好的中国特色、地域属性的元素为灯光设计的出发点。

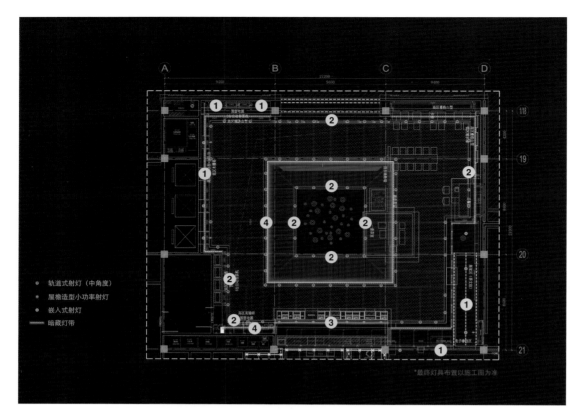

大堂天花点位布置图

1. 嵌入式射灯
2. 轨道式射灯（中角度）
3. 屋檐造型小功率射灯
4. 暗藏灯带

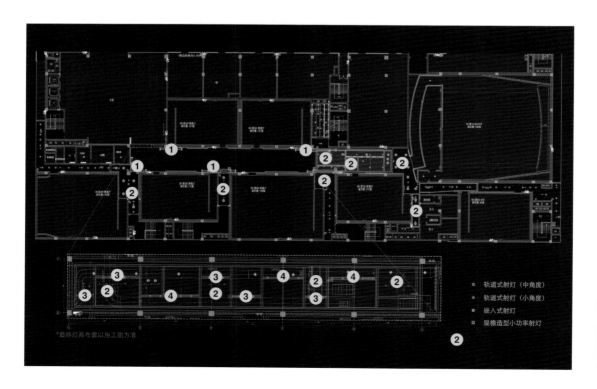

走廊天花点位布置图

1. 屋檐造型小功率射灯
2. 嵌入式射灯
3. 轨道式射灯（中角度）
4. 轨道式射灯（小角度）

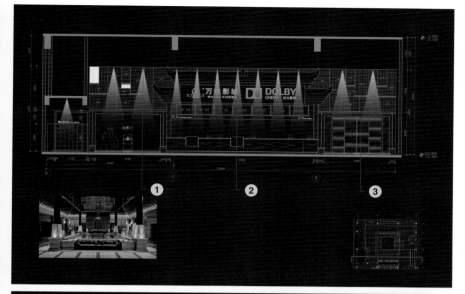

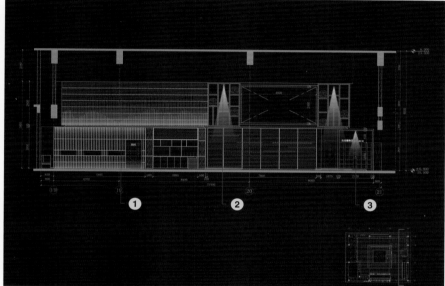

分区照明解析

大厅

整个大厅的色温统一为3000K，照明手法主要为点状基础照明加线性的氛围照明为主，传统文化符号的装饰照明为辅，结合线性分布的局部照明作为灯光层次补充，凸显中式风格内饰的恢宏布局和优雅格调。

大厅顶部造型通过线性照明的围合，简单明了地呈现出整体格局与分布。

大厅墙面则延续了线型照明的分布方式，并若隐若现地浮现出山峦起伏的纹理。

大堂空间照明结构示意

1. 中角度导轨射灯安装于吊顶结构槽内提供地面基础照度
2. 小角度导轨射灯安装与吊顶结构槽内提供售票台面照度
3. 柜内LED灯带（5W/m）结合柜内层板安装重点照明柜内商品

大堂空间照明结构示意

1. LED灯带（7～9W/m）安装于底部结构从底部洗亮墙面
2. 中角度导轨射灯安装与吊顶结构槽内提供地面基础照度
3. 嵌入式射灯提供地面基础照度

大堂立面照明示意

1. LED灯带（7～9W/m）安装于拼接缝结构
2. LED灯带（7～9W/m）安装于底部结构从底部洗亮墙面
3. LED灯带（7～9W/m）安装于屋檐结构内洗亮结构造型
4. 小功率投光灯（3～5W）安装于吊角往斜下打光避免照亮墙面背景

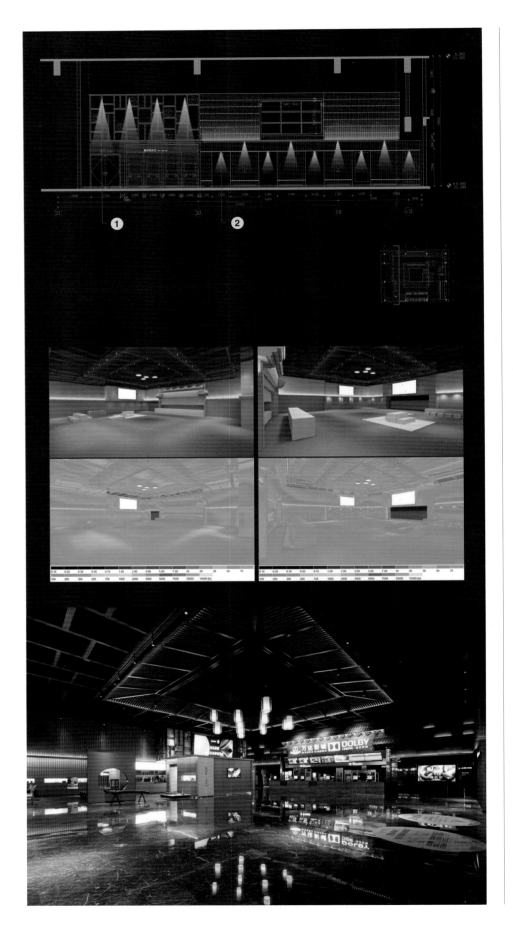

公共区域地面平均照度为240lx（标准为200lx），造型立面的照度为100~200lx，符合设计定位要求。

大堂空间照明结构示意

1. 小角度导轨射灯安装于吊顶结构槽内提供立面与地面照度
2. 调角式嵌入式射灯提供电梯门口处地面照明

照明模拟分析

模拟计算结果：公共区域地面平均照度为240lx（标准为200lx），造型立面的照度为100～200lx

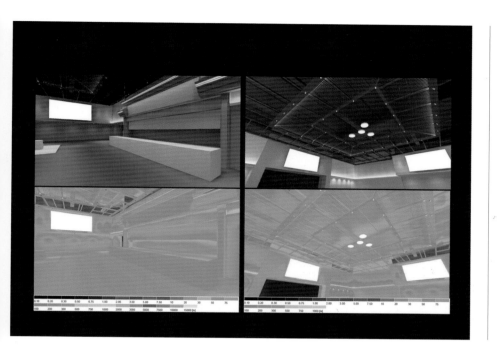

服务台

服务台 / 人工售票处选择了中式屋檐的设计，给人以恬静高雅的人文气息，古朴的屋檐斗拱运用了适当的线型照明来呈现其细腻的质感与层次。两侧的饰面也运用了小功率的线型照明来展现其别致的韵味。

照明模拟分析

模拟计算结果：售票区域工作面平均照度320lx（标准为300lx），天花板照度为低照度的30 ~ 40lx

餐饮休闲区

餐饮休闲区域以烘托空间风格为导向，运用了装饰照明来满足功能需求，通过墙面展示柜的局部照明来打破明暗对比，形成一定的趣味性。

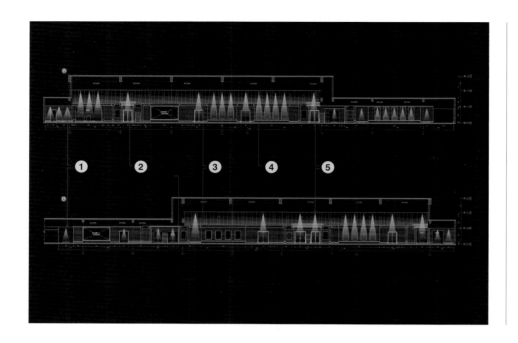

过道

通道区域则将光分布位置转到立面上来。立面上部区域采用柔和的线性光大致呈现出空间轮廓，再运用精准的重点照明，将墙面的画作设置为该区域的焦点。

走廊照明结构示意

1. 嵌入式射灯提供地面基础照度
2. 小功率投光灯（1~2W）安装于筒瓦边缘避免照亮墙面背景
3. LED 灯带（7~9W/m）安装于底部结构从底部洗亮墙面
4. 小角度导轨射灯安装于吊顶结构槽内重点照明墙面艺术化于展示家具
5. 中角度导轨射灯安装于吊顶结构槽内影厅出入口用于地面照明

相关参数

灯具参数

灯具类型	功率	光通量 /lm	色温 /K	光束角	显色指数
角度可调节导轨射灯	≤ 18W	≥ 1329	3000	15°	Ra ≥ 85
角度可调节导轨射灯	≤ 3W	≥ 278	3000	60°	Ra ≥ 85
角度可调节屋脊投光灯	≤ 3W	≥ 417	3000	15×35°	Ra ≥ 80
角度可调节嵌入式 深防眩射灯	≤ 9W	≥ 836	3000	30°	Ra ≥ 85
角度不可调节嵌入式筒灯	≤ 9W	≥ 810	3000	34°	Ra ≥ 85
角度可调节壁灯	≤ 3W	≥ 205	3000	60°	Ra ≥ 80
LED 防水灯带	10W/m	≥ 740	3000	120°	Ra ≥ 80
LED 防水灯带	5W/m	≥ 374	3000	120°	Ra ≥ 80

涟泉大江户

Lianquan Dajianghu

项目地点
上海

室内设计单位
THE 建筑事务所

灯光设计单位
上海泓荧照明设计

项目负责人
孟宪立、黄沈慧

设计团队
孟宪立、孙莹、谢鑫、徐彩云

摄影师
章勇、泓荧照明

设计背景及理念

涟泉大江户莘庄店位于上海市闵行区莘福路，是日式风格的温泉沐浴场所，该商业综合体占地近 15,000m²，占据两层商业空间，是今年上海最热门的日式温泉场所。

项目整体空间明暗对比明显，主次分明，通过建筑与照明的配合，还原并升华了日式建筑的特色，也给到顾客直观的视觉感受，并且丰满了空间的想象；而室外汤池空间也保持与室内一致的照明手法，使得室内外融合统一、互相贯通。

涟泉大江户通过照明设计将整体空间装饰与功能完美融合，在满足甲方使用的前提下也提升了空间的商业价值。

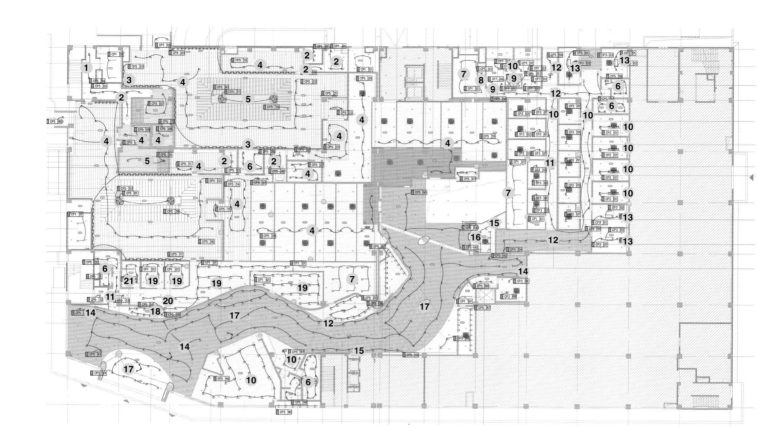

一层综合天花布灯图

1. BD01C，9W，LED，可调角度嵌装筒灯
2. BD08C，12W，LED，IP44 嵌装筒灯 24V
3. BD11，2W，嵌装筒灯，IP44，可调角度
4. BD08a，12W，LED，IP44，嵌装筒灯，24V
5. AF02，25W，LED，光束角48°，24V，壁装射灯，IP65
6. BD08，9W，LED，IP44，嵌装筒灯，24V
7. BL03，28W，T5，6000K
8. BD07，16W，LED，吸顶功能筒灯
9. BZ06，10W，LED，装饰吊灯
10. BD02a，15W，LED，光束角 47°，嵌装筒灯
11. BD01，9W，LED，光束角 31°，嵌装筒灯
12. BD02，15W，LED，光束角 34°，嵌装筒灯
13. BD10，25W，LED，4000K 光束角 90°，嵌装筒灯
14. BD02s，15W，LED，可调角度嵌装筒灯
15. BF01，15W，LED，轨道射灯
16. AF01，3W，LED，绿化射灯，IP65
17. BD09，20W，LED，嵌装筒灯
18. BD01a，9W，LED，光束角 40°，嵌装筒灯
19. BD02b，15W，LED，光束角 47°，嵌装筒灯
20. BD06，12W，LED，洗墙筒灯
21. BD08b，9W，LED，IP44，嵌装筒灯，24V

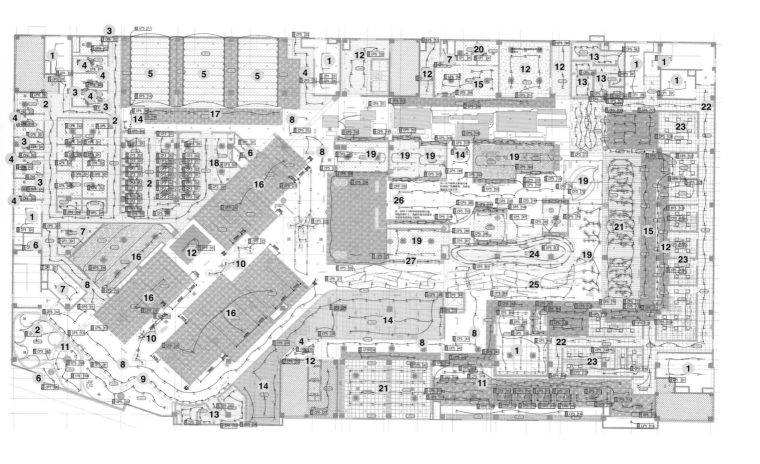

二层综合天花布灯图

1. BL03，28W，T5，6000K
2. BD01，9W，LED，3000K，31°，嵌装筒灯
3. BZ06，10W，LED，3000K，嵌装吊灯
4. BD01a，9W，LED，3000K，40°，嵌装筒灯
5. BL04，15W，LED，3000K，线装灯
6. BD07，16W，LED，3000K，吸顶功能筒灯
7. BD01c，9W，LED，3000K，40°，嵌装筒灯
8. BD03a，14W，LED，3000K，38°，明装筒灯
9. BD01b，9W，LED，3000K，19°，嵌装筒灯
10. BZ05a，20W，LED，3000K，装饰灯笼灯
11. BD01s，9W，LED，3000K，可调角度嵌装筒灯
12. BD02a，15W，LED，3000K，47°，嵌装筒灯
13. BD08，9W，LED，3000K，IP44，嵌装筒灯 24V
14. BD03，14W，LED，3000K，25°，可调角度明装筒灯
15. BD02s，15W，LED，3000K，可调角度嵌装筒灯
16. BZ04，30W，LED，3000K，装饰吸顶灯
17. BF02a，10W，LED，3000K，明装小射灯
18. BD11a，2W，LED，3000K，IP44，嵌装筒灯
19. BF01，15W，LED，3000K，轨道射灯
20. BZ02，40W，LED，3000K，装饰吊灯
21. BD02，15W，LED，3000K，34°，嵌装筒灯
22. BD02b，15W，LED，3000K，47°，嵌装筒灯
23. BL05，32W，LED，6000K，灯盘
24. BX03，5W/m，LED，3000K，软灯带，IP20
25. BX02，10W/m，LED，3000K，软灯带，IP20
26. BD05，20W，LED，3000K，15°，明装筒灯
27. BF02，10W，LED，3000K，21°，明装小射灯

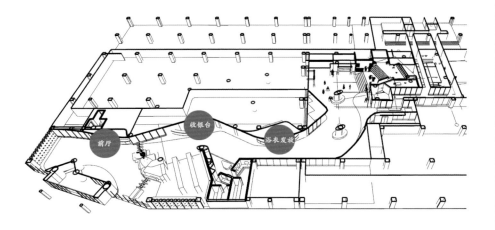

分区照明解析

大堂

入口接待大堂作为顾客进入店内的第一视角，需要最直观的视觉体验来吸引视线，所以映入眼帘的日式风格装修不仅呼应了日式风格的主题，也将顾客一下拉进了日式氛围的店铺中。大堂大面积的浅木色原木地板，和日式分隔的白墙，给人开敞、明亮的视觉感受，用洗墙方式照亮墙面，来加强视觉的宽敞和明亮感；墙角的装饰槽选用灯带点缀，对空间起到贯穿和引领的作用；并且整个空间选用暖色温的灯光来烘托出建筑暖色系木质的肌理，突出加强日式风格在项目中的体现。

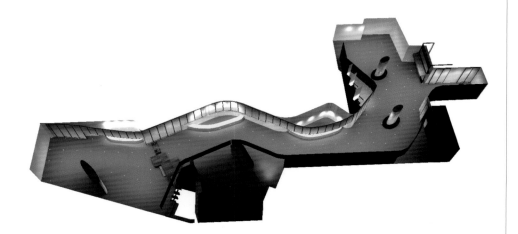

大堂计算效果

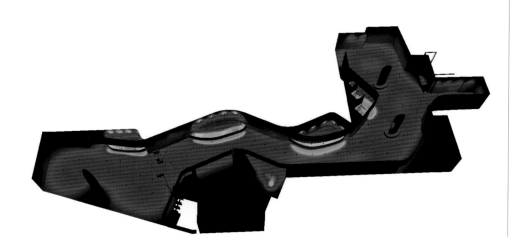

计算伪色效果

对于作为视线重点的功能吧台区（手牌发放处、收银处及浴衣发放处）室内采用深木色材质来突出，而照明则对这些区域做重点加强。吧台立面采用灯带勾勒，背景墙做洗墙效果，并且接待台桌面亮度增加，与周围环境形成亮度对比，从而在满足使用功能的同时加强了立面的视觉引导。

深木色天花板则对空间会起到收缩和隐蔽的作用，引导顾客的视觉重心在立面；而且天花板还需尽量保证完整性，以免过多的灯具开孔造成视线的偏移，又要满足地面基本照度给顾客功能方面的照明，故对大堂区域进行反复照明验算，从而得出最合适的灯具间距来平衡室内与照明。

室外汤池区

室外汤池也采用同样的明暗对比手法，通过木梁上灯带将木亭双层浅木色顶面结构打亮，立柱壁灯的点缀则起到照明地面的引导效果，使空间有均匀的照明效果；而汤池本身不做直接照明，使得洗浴者虽身处幽暗的汤池，但在视觉上又处在明亮的洗浴环境中。

汤池区

汤池区作为大江户的核心主题，是作为引子带领顾客来到这里的理由，也是日式"风吕巡礼"的重要体现，可以说是大江户的"灵魂"，其重要性不言而喻，故汤池区无论在装修还是照明方面都需最大限度地满足洗浴者的感受。

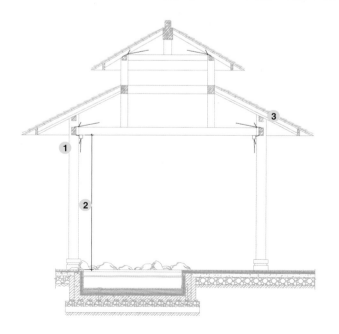

室外汤池区灯光节点

1. 壁灯在立柱顶部，向下投射立柱
2. 壁装灯具放置在横架下
3. 灯筒安装在梁上投射屋面结构，变压器就近放置在结构隐蔽处

首先在装修方面，汤区主体材质采用深色调的木质纹和墨绿色的大理石体现空间的紧密从而增加私密感；但过暗的环境又会给人紧张感，故地面和局部墙面采用浅色系石材来提亮空间，洗浴放松环境。而在照明方面，汤池作为放松身心的洗浴场所，照明的尺度尤为重要，既要保证顾客行动时的安全性，又要保证顾客对于私密性的需求，所以我们用照明设计明暗对比的照明手法来实现。

"明"代表了安全性，"暗"则代表了私密性。汤池四周的折板木饰墙面采用点缀式亮化处理，桧木亭的顶面结构则做局部透光效果，就连过道地面也仅做基本功能性照明，这些照明处理均不会对汤池内顾客产生直接照明，但均在视觉上起到提亮整体空间的"明"效果，从而保证了顾客活动的安全性；而汤池中洗浴的顾客均处于"暗"的环境中，从而保障了顾客的隐私性。这样明暗的处理最大限度给到顾客放松、惬意又私密的沐浴体验。

汤池区手绘灯具示意图

1. 小筒灯
2. 灯带
3. 下照筒灯

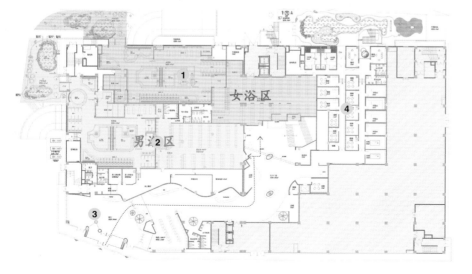

浴场功能平面图

1. 女浴区
2. 男浴区
3. 前厅
4. 棋牌、卡拉OK区

江户街

江户街作为连接一二层的走廊，展现
出具有日式特色的街景效果，而照明
设计则是在还原日式江户街风味的基
础上再增添一些热闹气息，从而烘托
商业氛围。

鲤鱼雕塑

穿过江户街来到二层休闲与休息区域。鲤鱼雕塑灯则最具有代表性，因为鲤鱼雕塑所在的一层向二层的过渡区域，是人流的集中分散地，在区域位置上十分重要，需要有特色地表现出这个装饰雕塑，经确认将雕塑处理成内透光效果，并选用穿孔铝板来实现。

而鱼鳞处的穿孔则有两种表现：鱼鳞片与鱼鳞片间的缝隙处和鱼鳞片本身的穿孔。最后将灯具放置在雕塑内，通过这两种穿孔形式，表现出不同的视觉效果：一种是鳞片间的晕光效果；一种是鳞片穿孔处通过视线的移动表现出静态的星光效果，从而表现出雕塑的轻盈、通透和星光熠熠的美感，使其成为整个大江户的特色标志。

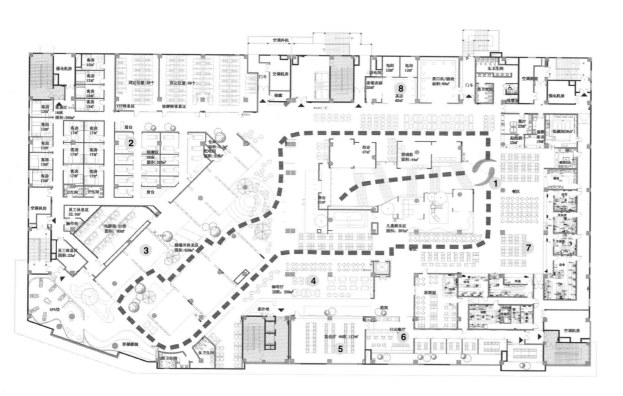

二层休闲区平面图

1. 鲤鱼雕塑
2. 客房及按摩区
3. 榻榻米休闲区
4. 咖啡厅
5. 宴会厅
6. 日式餐厅
7. 餐区
8. 茶店

就餐区

如果说洗浴是大江户的"灵魂"，那餐饮则在大江户是必不可少，在这里你能感受到日式料理的全部精华，而灯光在这块区域则给到还原、增色的作用。首先餐区被划分为公共餐区和对立餐区两部分，公共餐区统一采用浅色木纹材质，使得空间视线开阔，而餐桌采用重点照明的手法，对餐桌独立打亮，使得餐桌在满足桌面照度的需求情况下被灯光区分成一个个独立的小空间，满足小家庭聚餐需要；并且选用显色系数高的暖光，将精美的食物最大限度地展示给顾客，使得就餐体验得到最大的"尊重"。而点餐区立面的红色装饰玻璃起勾勒装饰效果，突出立面材质的红对取餐区的桌面进行突出，从而区分就餐与点餐区，起到引导的作用。天花板大面积运用日式灯笼和鱼旗灯笼，不仅加强了日式风格特色，也将公共餐区融合，丰富了就餐环境的娱乐性。

就餐区灯具示意图

1. 装饰灯笼
2. 装饰灯带
3. 小筒灯
4. 功能筒灯
5. 装饰灯（桌面重点）

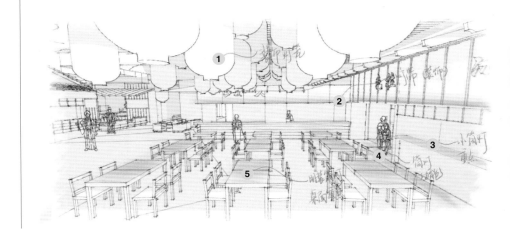

独立餐区

作为独立餐区，需根据餐饮风格、类型提供多元的就餐环境，而照明设计均需根据店内的装修风格因地制宜地调整。首先店面入口的处理就在视觉上做了空间上的分隔。而针对不同空间功能，照明手法也相应调整，如居酒屋适合私人聚餐，故选用重点照明手法；而宴会厅则是大型会餐空间，为团体和公司提供集体就餐体验，采用均匀面光照明手法，从而烘托出空间的敞亮。

开放榻榻米区

开放式榻榻米区是休闲区内最具特色的区域之一，一扇扇隔板将和室空间连通又分隔，与周围的日式枯山水呼应，形成静逸并富有禅意的空间；而灯光在该区域起到点缀的作用。

舞台区

舞台区域作为整个休闲场地的活动区，会组织多样的文化活动来丰富娱乐氛围，而灯光的主要职能就是根据店内活动布置的不同而调整灯光布置，所以照明方面选用轨道射灯来配合不同的活动场景，并满足空间功能多样性。

其他休闲区

座椅休息区位于整个休闲区的中心位置，是开敞空间的视觉终点，也是最为诗意的区域。茂密的樱花树、自发光的装饰球灯，被浅木色和室围合，室内空间与灯光完美融合，坐在沙发上就如同置身于写意画里。

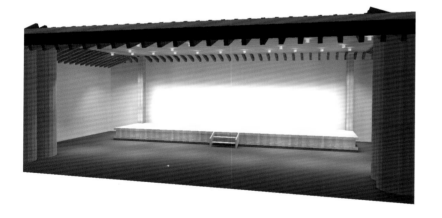

休闲区除了榻榻米、舞台，还有很多休闲区域供给顾客休息、休闲，每个空间特色都不相同，有的幽暗，有的明亮，而灯光则继续配合着不同的空间场景来契合室内风格和氛围，丰富着顾客的体验，使其身心愉悦与放松。

相关参数

控制系统
智能调光系统：可控硅后沿调光

灯具参数

编号	灯具类型	功率	显色指数	色温 /K	光束角	防护等级
BF01	轨道射灯	14W	80	3000	37°	IP20
BF01a	明装射灯	14W	80	3000	37°	IP20
BF02	明装射灯	10W	80	3000	21°	IP20
BF02a	明装射灯	10W	80	3000	37°	IP20
BF03	轨道射灯	14W	80	3000	22°	IP20
BF03a	明装射灯	14W	80	3000	37°	IP20
BW01	壁灯	1W	80	3000	180°	IP20
BW02	装饰防水壁灯	15W	80	3000	/	IP44
BW02a	装饰防水壁灯	10W	80	3000	/	IP44
BW03	装饰壁灯	20W	80	3000	/	IP20
BW04	壁灯	20W	80	3000	37°	IP20
BT01	装饰落地灯	15W	80	3000	/	IP20
BT02	装饰落地灯	15W	80	3000	/	IP20
BT03	装饰落地灯	10W	80	3000	/	IP54
BZ01	装饰发光灯盘	25W	80	3000	/	IP20
BZ02	装饰吊灯	30W	85	3000	/	IP20

编号	灯具类型	功率	显色指数	色温/K	光束角	防护等级
BZ03	装饰灯箱	30W	80	3000	/	IP20
BZ04	装饰吊灯	30W	80	3000	/	IP20
BZ05	装饰灯笼	5W	80	3000	/	IP20
BZ05a	装饰吊灯	20W	80	3000	/	IP20
Z05-1~BZ05	装饰灯笼	5W	80	3000	可调节	IP20
BX01	装饰灯带	15W	70	3000	120°	IP20
AX01	装饰灯带	5W	70	3000	120°	IP20
AF01	射灯	3W	85	3000	30°	IP65
BD01	嵌装筒灯	9W	80	3000	31°	IP20
BD01a	嵌装筒灯	9W	80	3000	40°	IP20
BD01b	嵌装筒灯	9W	80	3000	19°	IP20
BD01c	嵌装筒灯	9W	80	3000	40°	IP20
BD01d	嵌装可调角度筒灯	6W	80	3000	33°	IP20
BD02	嵌装筒灯	15W	80	3000	34°	IP20
BD02s	嵌装可调角度筒灯	15W	80	3000	34°	IP20
BD03s	可调角度明装筒灯	14W	80	3000	38°	IP23

编号	灯具类型	功率	显色指数	色温/K	光束角	防护等级
BD04	嵌装装饰筒灯	2W	80	3000	可调节	IP20
BD05	明装筒灯	20W	80	3000	15°	IP20
BD06	洗墙嵌装筒灯	12W	80	3000	/	IP20
BD07	吸顶灯	16W	80	3000	114°	IP20
BD08	嵌装防水筒灯	9W	80	3000	32°	IP44
BD08a	嵌装防水筒灯	12W	80	3000	33°	IP44
BD09	嵌装筒灯	20W	80	3000	34°	IP20
BD10	嵌装筒灯	25W	80	3000	90°	IP20
BD11	防水嵌装筒灯	2W	80	3000	10°	IP44
BD11s	嵌装可调角度筒灯	2W	80	3000	15°	IP20
BL01	防水线性灯	15W	80	3000	/	IP66
BL01a	防水线性灯	15W	80	3000	/	IP66
BL02	线性灯	20W	80	3000	120°	IP40
BL03	支架灯	28W	86	6000	/	IP20
BL04	线性灯	15W	80	3000	50°	IP50
BL05	灯盘	32W	80	6000	105°	IP20

乾塘·古杭菜

The Wall of Historical Fame on Yuyuan Road

项目地点
杭州

灯光设计单位
方方、易宗辉

室内设计单位
杭州无形有形设计事务所

照明工程
杭州东昊照明工程有限公司

摄影师
王大丑

设计背景及理念

乾塘餐厅被定位于传统杭帮菜餐厅。杭帮菜渊源多来自宋室南迁，店主做菜讲究情怀，与有情怀的室内设计师一起在这 200m² 的小空间里碰撞出了穿越南宋而来的火花，乾塘餐厅设计风格定位于做一间有着宋代元素的现代餐厅。

在这个辞义滥觞的时代，照明设计师需要努力分辨，并且不盲从任何别人给予的标签。照明设计师理解项目，绝不是谈论什么是标准照度，什么就是绝对科学数值。而且借由项目背后的文化而明确大的空间设计方向。宋代抑武扬文，文人们不能讨论政治和社会问题，"修道""至简"成为士大夫唯一可供的消遣，所以南宋爆发出大量极高水准的艺术作品，陈寅恪先生曾言："中国文化'造极于赵宋之世'。"古代美学到宋代达到最高，要求绝对单纯，即采用克制的圆、方、素色、表现单纯的质感。

本次照明设计手法即是克制住使用快速便捷的直接照明手法改用更多间接照明的手法，采用更加细腻的处理方式，于潜移默化中呈现细腻、柔和的终极效果。

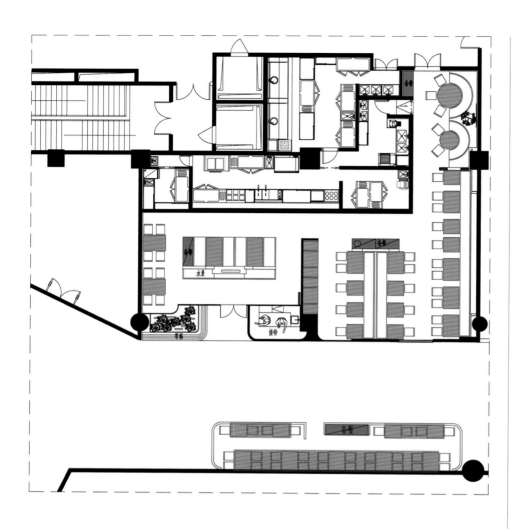

分区照明解析

桌面照明

乾塘餐厅，如果就直接照明手法而言，首要问题即是桌面照明。就餐区桌面最好保持 500lx 以上照度，且显色指数 Ra ≥ 85 是对餐厅表现菜品较佳的方式。

关于桌面照明，照明设计师与室内设计师一致决定用"团扇"下的扇坠来做桌面照明，扇面题材取自徽宗瑞鹤图部分中的图形，下挂的铜质吊灯分为两层结构，底部照亮桌面，光斑务求做到均匀挥洒，扇面作为装饰，使原先横平竖直的空间照明多了些活泼灵动。

桌面照明示意图

阴影：桌面照明重点。

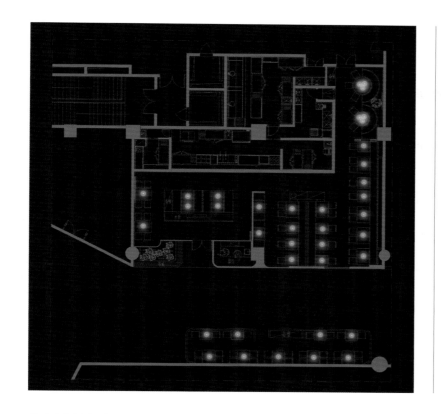

桌面照明光源示意图

桌面光源：7W，36D，2700K

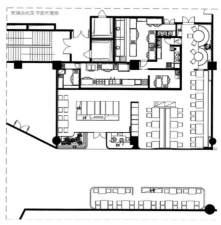

餐厅平面图

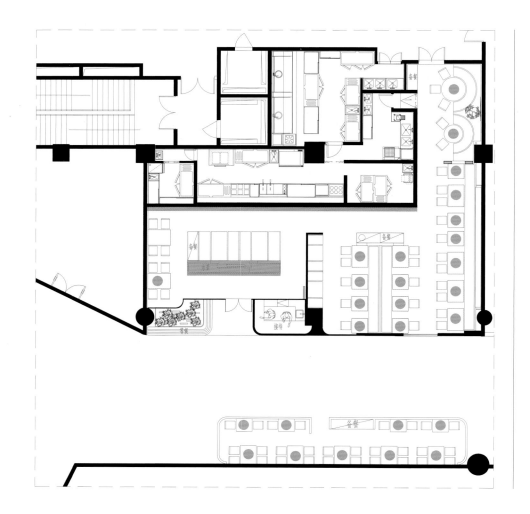

中位照明

乾塘餐厅是一个完全开敞的店面，视线中的照明决定了室内元素呈现的节奏，其语言穿插的丰富度，高中低位的照明节奏是照明要处理的重点。

由于餐厅位于商场的中心位置，来往的客人和坐下来的顾客视线的第一层次，即将目光锁定在组成空间中部结构的屏风、隔断之上。进门处的屏风从位置和尺寸上来说，理应是照明处理的第一层次。

中位照明示意图

阴影：中位照明重点

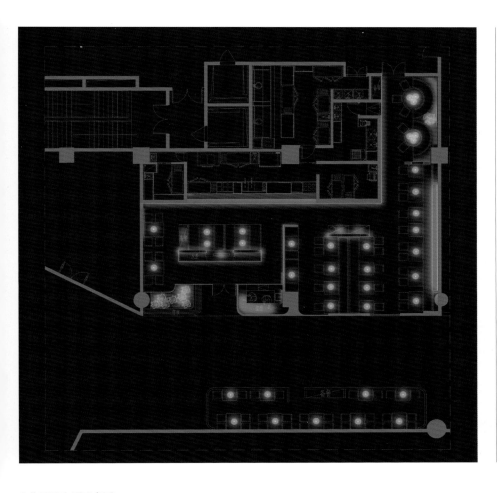

中位照明光源示意图

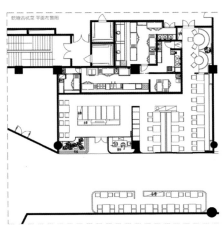

餐厅平面图

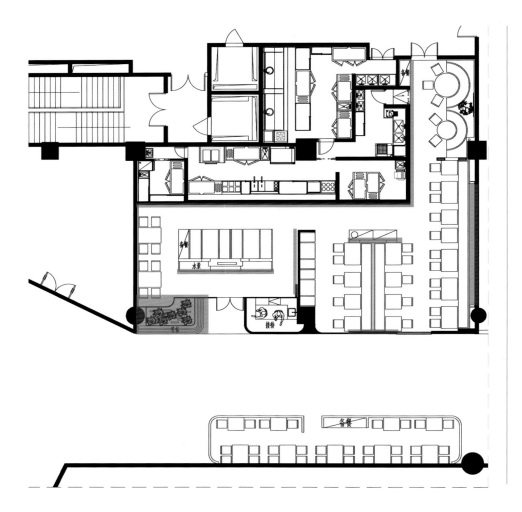

装饰性照明设计

当前国内的照明设计界，专攻科学技术的和专攻设计观念的似乎都被统一称为"照明设计师"，但其实"照明工程师"和"照明设计师"理应是两个范畴。有些项目，需要理性大过感性，有些项目需要感性大过理性，没有对错，只是适当的范畴做适合的事情。

在类似乾塘餐厅这样的空间里，室内装饰可说是极尽心思，如果只需要考虑功能性照明，照明设计师就很轻松了，但如果想尽力让空间完美，各种亮度穿插形成的韵律和谐才是成就结果的关键。

装饰性照明示意图

阴影：装饰性照明重点

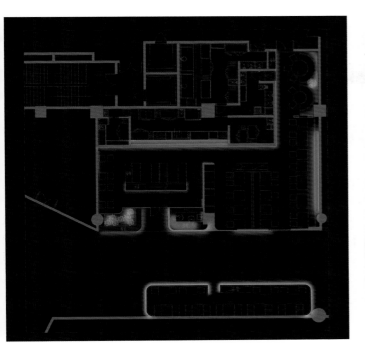

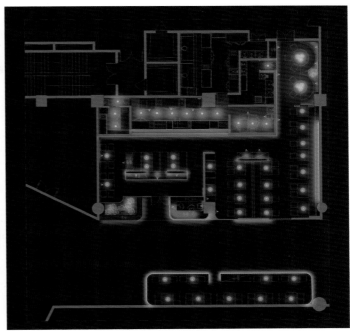

装修照明示意图   总平面图光晕图

相关参数

灯具参数

编号	灯具类型	功率	色温 /K	光束角	数量 / 个
极成 TCH1N07-F251	嵌入式射灯	7W	2700	15°	27
极成 RLR101-0	嵌入式射灯	15W	3000	65°	14
飞利浦定制	洗墙灯	27W/m	4000	15°	14
乐的美 3528	霓虹灯	12W/m	2700	/	200
乐的美 816	灯带	7.68W/m	2700	/	50
定制	吊灯	7W	2700	36°	238

狮 LION 餐厅

LION

项目地点
上海

建筑面积
120,000 m²

灯光设计单位
光莹照明设计咨询（上海）有限公司

建筑设计单位
Aedas 建筑事务所

业主单位
上海翎丰房地产开发有限公司

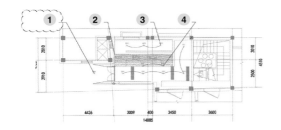

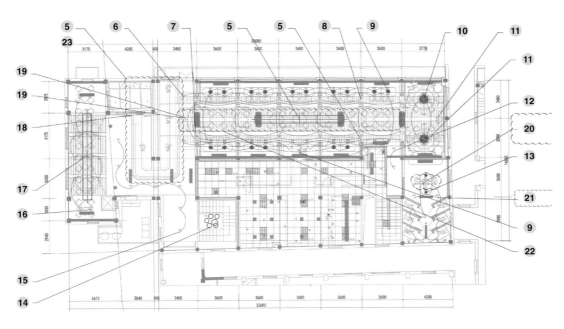

一、二层
天花布灯图

1. ILL1
2. IDF3
3. IDA1
4. IDF1
5. ISS4
6. ILL5
7. IPS3
8. IPS2
9. IDA3
10. IPS4
11. ITL1
12. IDF4
13. IPS5
14. IPS1
15. IDA1/IDF2
16. IDA2/ITL1
17. IPS6
18. ILL8
19. ITL2
20. IDA2/IDA3/IDF4
21. IDA4
22. 预留回路
23. 吧台天花

设计背景

FCC GROUP 旗下全新餐饮品牌"狮LION"，正式亮相于上海新天地，以轻灵勇猛的"南狮"形象，塑造品牌性格，携精致南洋中菜，诠释全球华人文化。

狮 LION 集餐厅与酒吧于一体，主打南洋菜系，主色调是华丽浓郁的红色，妩媚又迷幻，复古摩登完美融合。以一种强烈的视觉冲击和空间代入感去刷新着人们对于餐厅的遐想。

狮 LION 餐厅室内设计风格较为复古，为配合室内设计的风格，在灯光设计上也选用了低色温的灯具。餐厅主要分以下几个区域：入口、楼梯、酒吧、餐厅、VIP 包房、露台。照明设计师从不同的功能分区考虑到不同的灯光场景，通过灯光效果的切换来达到室内的戏剧效果。

狮餐厅项目中，光莹照明在不同区域大胆切换灯光视觉效果；采用不见灯具的安装做法，与日本艺术家设计的吊灯和室内设计相融合，运用光线为空间营造层次感及视觉冲击。

进入餐厅，温暖柔和的光为客人繁忙的脚步提供舒缓的气氛，楼梯的 Philips Hue LED 光源在用餐时段缓慢地闪烁。夜晚，酒吧模式可使灯光变色为客人带来不一样的环境体验。二层的餐厅、包房和酒吧灯光在不同的时间段呈现不同的灯光层次和视觉感。

光莹照明在设计初期所有灯具采用 LED 光源配搭智能调光系统。LED 光源可以节省电费，减少维护成本。智能调光系统可以在不同时间段设置不同的灯光场景，配搭影音等设施，为客人提供不一样的环境氛围体验。

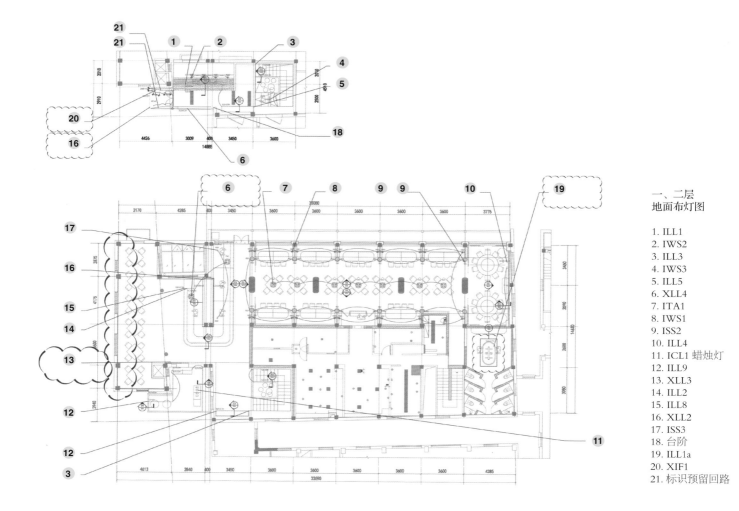

一、二层
地面布灯图

1. ILL1
2. IWS2
3. ILL3
4. IWS3
5. ILL5
6. XLL4
7. ITA1
8. IWS1
9. ISS2
10. ILL4
11. ICL1 蜡烛灯
12. ILL9
13. XLL3
14. ILL2
15. ILL8
16. XLL2
17. ISS3
18. 台阶
19. ILL1a
20. XIF1
21. 标识预留回路

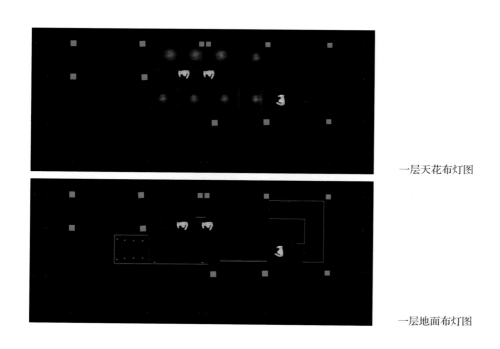

一层天花布灯图

一层地面布灯图

分区照明解析

一层

外立面入口

餐厅入口能给客人的第一印象，因此我们想要顾客带着好奇又惊讶的心情进入餐厅。当他们从一层走向二层时，楼梯间的灯光相对宁静，因为等待他们的将是另一番与众不同的感受。当他们转身走向酒吧时，一个自带未来感的吧台映入眼帘，再往前走两步，走向用餐区时，发现眼前场景又突然切换到另一个年代，鲜艳又复古的场景与酒吧形成强烈的对比，给人一种视觉冲击力。再往深处走，便是 VIP 包房，优雅又神秘。

外立面入口鲜艳夺目的红色调给人一种神秘的诱惑。

从餐厅入口进入一层，整个空间散发着红色基调，照明设计师运用暖色的色温，搭配墙面玫瑰花造型壁灯，通过灯光的语言表现出餐厅浓郁的南洋风格，使客人一进入餐厅就感受到柔和的光，为在都市忙碌的客人提供舒适悠闲的环境。

楼梯间

楼梯最有特色的地方是很好地结合了室内墙面材质，采用装饰线条灯，通过镜面反射灯光，来达到空间无限延伸的效果。

值得一提的是，楼梯间的吊灯使用了 Philips Hue LED 的智能控制系统。Philips Hue LED 光源在用餐时段缓慢地闪烁，到了夜晚调至酒吧模式的灯光可变色为客人带来不一样的环境体验。

楼梯间的灯带与常规灯带有所不同，该灯带 6 颗 LED 为一个像素，自带一个信号线，当整条灯带亮起来时会有不同颜色，最后，通过 DMX512 的控制来达到整条灯带的渐变效果。

楼梯间布灯节点

吧台

随着楼梯走向二层，灯光色温由暖逐渐变冷，直到看到后现代极简风格的吧台。照明设计师选用蓝色及暖白色的灯光打造吧台空间未来感。

然而，在吧台的两侧均是用餐区，照明采用红色基调包裹了一点蓝色，在这两种强烈的色彩碰撞下，使得室内风格更加戏剧化。

其中，如何在见光不见灯的情况下均匀打亮酒吧层架成了一个难题。于是照明设计师团队用通透的导光板以及乳白磨砂的导光板这两种材质进行了灯光实验。发现通透的材质无法受光，板材表面只能看到微弱的灯光，而乳白磨砂的材质则相反。因此最后照明设计师决定选用乳白磨砂的导光板，并且要求灯带距离层板至少10mm，避免看到灯光的颗粒感。

对酒架层板材质进行灯光实验

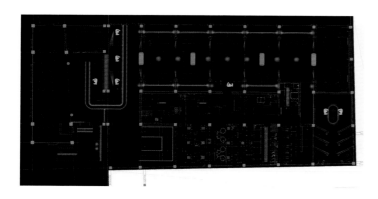

二层平面布灯图

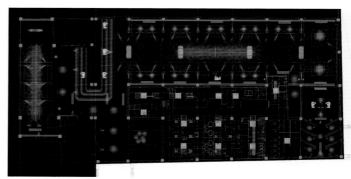

二层天花布灯图

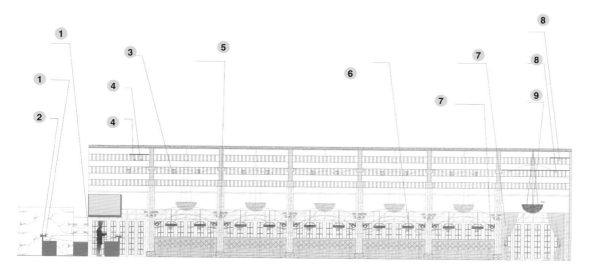

二层立面灯光点位图 1

1. ILL2 表面安装线性 LED
2. ILL8 表面安装线性 LED
3. ISS4 表面安装投光灯
4. ITL2 轨道灯
5. ISS3 表面安装投光灯
6. IPS2 吊灯
7. IWS 壁灯
8. ITL1 轨道灯
9. IPS4 吊灯

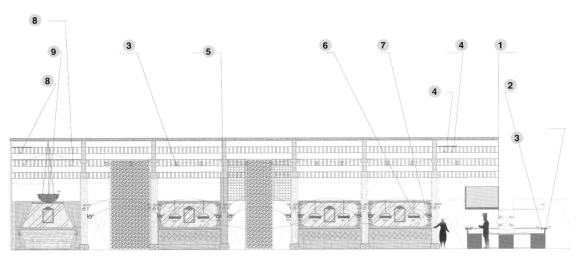

二层立面灯光点位图 2

1. ILL2 表面安装线形 LED
2. ILL8 表面安装线形 LED
3. ISS4 表面安装投光灯
4. ITL2 轨道灯
5. ISS3 表面安装投光灯
6. IPS2 吊灯
7. IWS 壁灯
8. ITL1 轨道灯
9. IPS4 吊灯

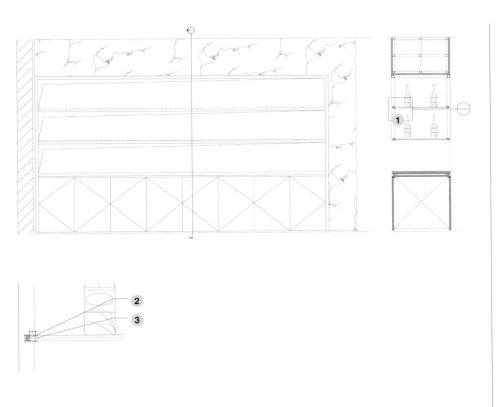

最后现场照片

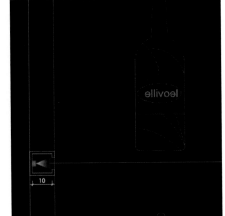

吧台灯光节点图

1. ILL2
2. ILL2 表面安装线性 LED
3. 建议此处贴 3M 乳白膜，层板材为导光板，灯具距层板 15mm

现场节点安装，调整灯安装高度和功率

散座区

极具特色的装饰雕刻贯穿整个二层散座区，照明选用小型投光灯将装饰柱重点打亮，增加了空间的层次感。

为了隐藏灯具，照明设计师与业主和室内设计师讨论后决定在柱子上增加定制莲花造型。将灯具和变压器安装在莲花造型里。莲花造型的尺寸按照灯具的高度定制。

投射横梁中心雕刻的灯具隐藏在两侧（见下图）。

考虑到装饰吊灯的特殊性，照明结合了两种光源。一种是 LED 球泡，另一种是 MR16 光源。LED 球泡的功能是照亮灯罩，MR16 光源打亮桌子。这样吊灯不仅可以以氛围灯的形式出现，又同时满足了用餐桌面照度。由于餐桌是椭圆状，照明设计师在 MR16 的光源上还增加了拉伸透镜，刚好可以覆盖整个餐桌。

未安装拉伸透镜前，光斑明显，不能照亮整个桌子

另一侧散座区使用了表现力十分夸张的日本特色吊灯，与室内装饰风格形成鲜明的对比

安装拉伸透镜后，光控制在桌面上，桌子以外为暗

VIP 包房

VIP 包房内有壁灯、吊灯以及落地灯这三种不同类型的装饰性灯具，考虑到天花板的特殊性，照明选用轨道灯重点打亮装饰画，而用餐桌面的灯光就依靠周边的环境光来给予，通过灯光明与暗的对比，给客人带来不同的用餐体验。

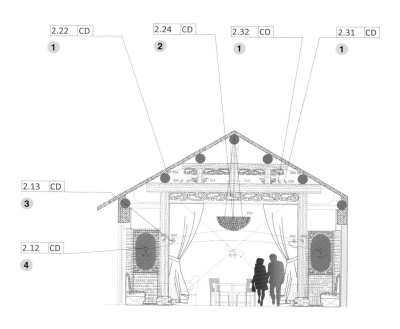

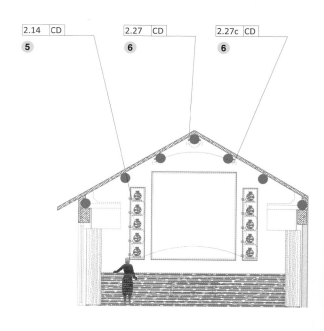

二层包房立面布灯图

1. ISS4 表面安装投光灯
2. IPS4 吊灯
3. ISS3 表面安装投光灯
4. IWS1 壁灯
5. ILL4 表面安装线性 LED
6. ITL1 轨道灯

相关参数

灯具参数

编号	灯具类型	功率	色温 /K	光束角	防护等级
IDA1	嵌入式天花射灯	6W	4000	24°	IP20
IDA3	嵌入式天花射灯	6W	3000	36°	IP20
IDA4	嵌入式天花筒灯	7.3W	3000	15°	IP20
IDA6	嵌入式天花筒灯	9W	3000	24°	IP54
IDF1	嵌入式天花筒灯	6W	3000	15°	IP20
IDF2	嵌入式天花筒灯	6W	4000	24°	IP20
IDF3	嵌入式天花筒灯	6W	3000	36°	IP20
IDF4	嵌入式天花筒灯	6W	3000	24°	IP20
XIF1	地埋灯	5W	3500	38°	IP20
ISS2	表面安装投光灯	5W	3000	26°	IP20
ISS3	表面安装投光灯	14W	3500	24°	IP20
ISS4	表面安装投光灯	2.86W	3000	12°	IP20
ITL1	轨道灯	12W	3000	24°	IP20
ITL2	轨道灯	6W	3500	15°	IP20
XLL2	表面安装线性 LED	4.3W/m	3000	漫反射光	IP67
XLL3	表面安装线性 LED	6W/m	3000	漫反射光	IP67
XLL4	表面安装线性 LED	6/Wm	3000	漫反射光	IP67
ILL1	表面安装线性 LED	6W/m	3000	漫反射光	IP20
ILL1a	表面安装线性 LED	6W/m	3000	漫反射光	IP44
ILL2	表面安装线性 LED	6W/m	3500	漫反射光	IP20
ILL3	表面安装线性 LED	8W/m	RGBW	漫反射光	IP44
ILL4	表面安装线性 LED	6W/m	3000	110°	IP20
ILL5	表面安装线性 LED	4.3W/m	3000	漫反射光	IP44
ILL6	表面安装线性 LED	9.6W/m	RGBW	漫反射光	IP20
ILL8	表面安装线性 LED	6W/m	BLUE	漫反射光	IP20
ILL9	表面安装线性 LED	6W/m	RGBW	漫反射光	IP67
IWS1	壁灯灯泡	预留 50W	3000	漫反射光	IP20
IWS2	壁灯灯泡	预留 50W	2700	漫反射光	IP20
IWS3	壁灯灯泡	预留 100W	RED	漫反射光	IP20
ITA1	台灯灯泡	预留 50W	3000	漫反射光	IP20
ITA2	台灯灯泡	预留 50W	3000	漫反射光	IP20
ICL1	蜡烛灯	1W	BLUE	漫反射光	IP20

誉德集团京基滨河时代总部会所

Jingji Binhe Shidai Headquarter Club of Ready Group

项目地点
深圳

设计单位
谱迪设计顾问（深圳）有限公司

设计团队
马宏进、李春晓

室内设计单位
AG 香港汇创国际

设计背景及理念

项目位于深圳市福田区，临近深圳湾红树林自然保护区；京港澳高速，地铁7、9、11号线均经过项目附近，交通便利。项目的裙楼部分有KK ONE购物中心、雅朵酒店等配套商业。本案设计范围为32、33层办公区，34层会所，以下分享的是会所部分的灯光设计。

会所灯具色温主要选用2700K，整体营造舒适、幽静的灯光环境，巧妙地运用光与影的关系；大面积运用发光天膜，尽可能地让人工光贴近自然光，同时减少其他灯具所造成的眩光；巧妙地运用灯光设计，将空间的层次塑造得更加立体。

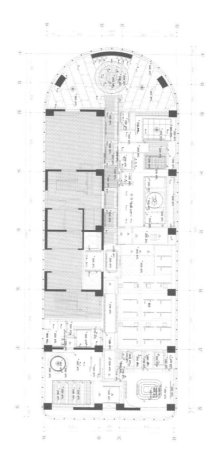

会所天花布灯图

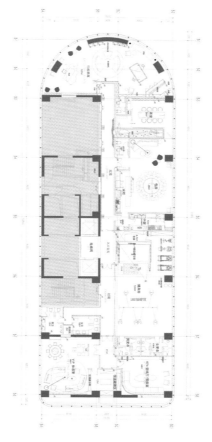

会所平面布灯图

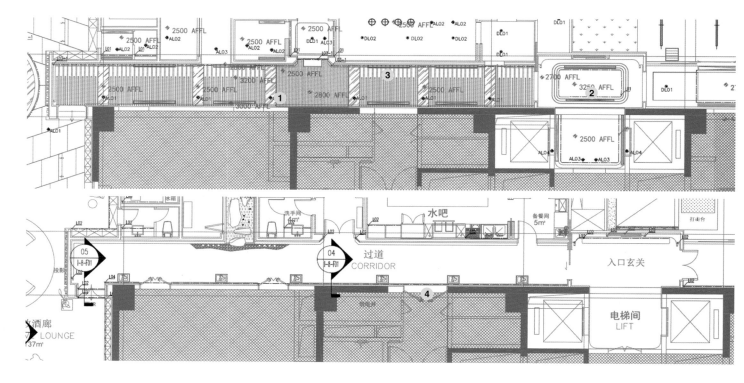

入口玄关、走廊电梯厅灯光点位分析

1. AL01 可调角度射灯，10W，光束角10°，2700K, Ra ≥ 90
2. L01 灯带，13.9W/m，2700K，Ra ≥ 90
3. L03 柔性匀光灯带，10W，光束角120°，2700K，Ra ≥ 90
4. L04 小功率线型洗墙灯，13W/m，光束角120°，2700K，Ra ≥ 90

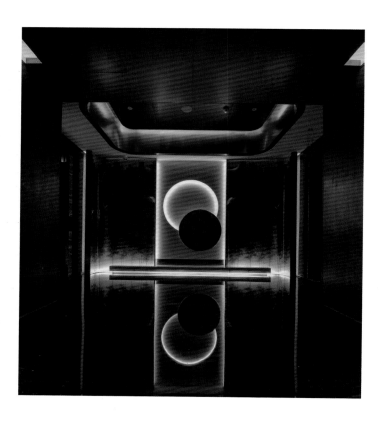

分区照明解析

入口玄关及电梯厅

入口玄关处灯光重点突出会所幽静、私密的特点，大比例使用漫反射的光，将直射光降到最低，用灯光的语言将之与喧嚣的城市生活区分开。犹如在竹林深处，观月之阴晴圆缺，地面的倒影宛如一轮明月铺洒在平静的湖面。走廊用极少的小角度射灯将展示台凸显出来，墙面铺洒一层微弱的背景光，使得整个空间更加丰富立体。光与影的相互交织，营造出别致的灯光环境。

灯光设计技术参数

光源：LED
色温：2700K
显色性：Ra>90
光照度：20 ~ 80lx
场景系统：DIM 调光控制

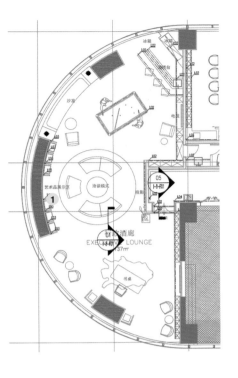

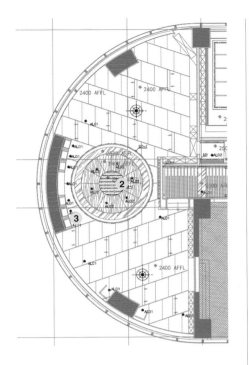

行政酒廊

行政酒廊有着非常开阔的视野，大面积的玻璃幕墙，在白天已有非常舒适的自然光渗入到室内空间，而灯光设计以这一点出发，将自然光引入到夜晚的室内空间中来，使得空间的灯光氛围更加舒适自然。

在商务洽谈时可以感受着舒适的光环境，欣赏墙面的艺术品在灯光的衬托下不同的美感；在活动模式时，洽谈区天花板的灯带可根据具体需求变换不同的色彩；而在寂静时，可开启阅读模式，灯光切换至比较静暗的状态，让人沉浸在书的世界中。

行政酒廊灯光点位分析

1. L03 柔性匀光灯带，10W，光束角 120°，2700K，Ra ≥ 90
2. 模拟自然光 L01-1，13.9W/m，RGBW，Ra ≥ 90
3. 可调角度射灯，10W，光束角 15°，2700K

灯光设计技术参数

光源：LED
色温：2700K/3000K/RGBW
显色性：Ra>90
光照度：20 ~ 200lx
场景系统：DIM 调光控制

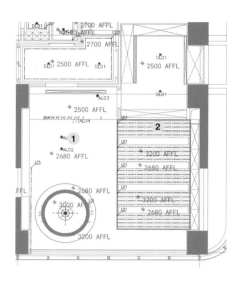

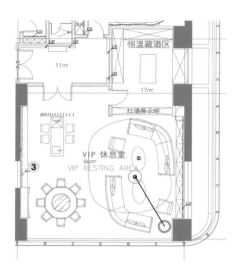

VIP 休息室

VIP 休息室的灯光应尽可能地避免眩光，天花板大面积的发光天膜和柜内的灯带能很好地避免一定的眩光；而在营造舒适的灯光环境的同时，整体空间也需一些点睛之处。小射灯间隔地打亮入口处的格栅屏风，同时操作台上的枯树枝也有灯光的重点点缀，让整体空间更显精细与品质。

VIP 休息室灯光点位分析

1. AL02 可调角度射灯， 10W， 光束角 24°， 2700K, Ra ≥ 90
2. L01LED 灯带， 13.9W/m， 光束角 120°， 3000K, Ra ≥ 90
3. L02 LED 灯带， 6W/m， 光束角 120°， 2700K, Ra ≥ 90

灯光设计技术参数

光源：LED
色温：2700K/3000K
显色性：Ra>90
光照度：100 ~ 300lx
场景系统：DIM 调光控制

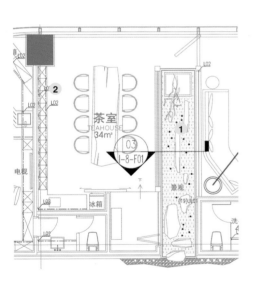

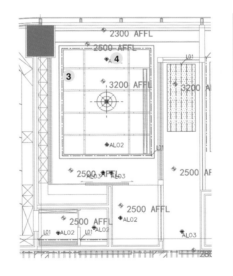

茶室灯光点位分析

1. UL01LED 埋地灯，0.5W，光束角 120°，2700K，Ra ≥ 90
2. L02 LED 灯带，6W/m，光束角 120°，2700K，Ra ≥ 90
3. L01LED 灯带，13.9W/m，光束角 120°，2700K，Ra ≥ 90
4. AL02 可调角度射灯，10W，光束角 24°，2700K，Ra ≥ 90

茶室

在设计时，因茶台天花有装饰吊灯和木骨架，过多的灯光反而会影响整体装饰的美观，所以仅在茶台的两端点缀了一些灯光，依靠着天花灯槽和柜内的灯带将整个空间的灯光氛围渲染出来。而茶室的对面，灯光均匀地铺洒在枯树、碎石以及细砂上，与茶室相辅相成，呈现出富含诗意的空间环境。

灯光设计技术参数

光源：LED
色温：2700K/3000K
显色性：Ra>90
光照度：50~150lx
场景系统：DIM 调光控制

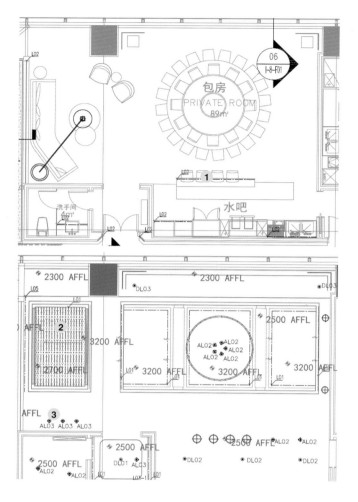

包房可以分为三个小区块，即就餐区、水吧区、休息区。针对每一个分区，灯光的切入点不同。休息区更多考虑的是灯光的舒适性，故采用发光天膜的形式模拟自然环境下的光环境，给人放松，舒适的体验感；就餐区则更多地考虑功能性的需求，故就餐区采用装饰吊灯加射灯的形式，可通过调节射灯的和装饰灯的明暗来满足不同功能场景的需求；而水吧区则是结合了休憩与功能性，在营造舒适的光环境的同时，也最大地考虑其功能性的需求。

1. L02 LED 灯带，6W/m，光束角 120°，2700K，Ra ≥ 90
2. 模拟自然光 L01LED 灯带，13.9W/m，光束角 120°，2700K，Ra ≥ 90
3. AL03 LED 可调角度射灯，10W，光束角 44°，2700K, Ra ≥ 90

灯光设计技术参数

光源：LED
色温：2700K/3000K
显色性：Ra>90
光照度：80~400lx
场景系统：DIM 调光控制

相关参数

灯具参数

编号	灯具类型	功率	色温 /K	光束角	显色指数
L01	灯带	13.9W/m	2700	120°	90
L02	灯带	6W/m	2700	120°	90
L03	柔性匀光灯带	10W	2700	120°	90
L04	小功率线型洗墙灯	13W/m	2700	120°	90
AL01	可调角度射灯	10W	2700	10°	90
AL02	可调角度射灯	10W	2700	10°	90
AL03	可调角度射灯	10W	2700	44°	90
UL01	埋地灯	0.5W	2700	120°	90

古北一号

One Park Shanghai

项目地点
上海

设计单位
上海全筑建筑装饰设计集团

主设计师
桂鹏

设计团队
桂鹏、邓文云、尹丽娟

摄影师
全筑运营中心

设计背景及理念

别墅具有宽阔舒适的起居空间，拥有用途多样的使用空间，布置灵巧的流向通道，纳入环境风格的优美形体。基于别墅的这些特点，在进行装饰设计时，除了把各个功能空间合理规划设计外，光的合理利用也是必不可少的。别墅照明设计不仅仅是简单地把空间照亮，它更需要的体现艺术品位、展现温馨氛围。

古北一号别墅的室内设计主要以后现代设计风格为主，主张采用装饰手法来达到视觉上的丰富，提倡满足心理需求而不仅仅是强调单调的功能主义。古北一号室内灯光设计坚持以功能性、美观性、实用性、创意性为基本原则，用灯光满足别墅需光明的同时，体现装饰设计的美，同时创意性的灯光赋予室内空间灵动性。照明的设计理念为舒适的、精致的、通透的室内照明。

负一层分区照度图

1. 水疗室 120lx 左右   9. 游泳室 250lx 左右
2. 车库 80lx 左右   10. 休闲室 200lx 左右
3. 更衣室 200lx 左右   11. 酒吧区 50lx 左右
4. 健身室 200lx 左右   12. 起居室 300lx 左右
5. 通道 100lx 左右   13. 视听室 50lx 左右
6. 储藏室 50lx 左右   14. 客房 200lx 左右
7. 佣人房 250lx 左右   15. 酒窖 30lx 左右
8. 洗衣房 300lx 左右   16. 卫生间 150lx 左右

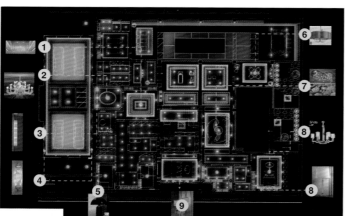

负一层灯光点位图

1. 过厅花灯
2. 车库前厅花灯
3. 车库壁灯
4. 车库云石壁灯
5. 保姆房台灯
6. 麻将房吊灯
7. 起居室花灯
8. 客房花灯
9. 客房台灯

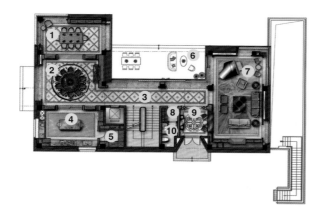

一层分区照度图

1. 早餐厅 250lx 左右
2. 餐厅 300lx 左右
3. 过道 100lx 左右
4. 厨房 300lx 左右
5. 储藏室 50lx 左右
6. 室外中庭 100lx 左右
7. 会客厅 300lx 左右
8. 衣帽间 50lx 左右
9. 玄关 150lx 左右
10. 卫生间 150lx 左右

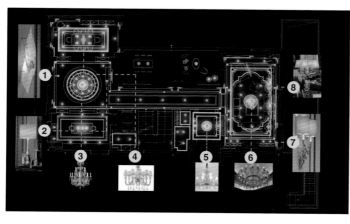

一层灯光点位图

1. 餐厅壁灯
2. 餐厅台灯
3. 餐厅花灯
4. 早餐厅花灯
5. 玄关花灯
6. 会客厅花灯
7. 会客厅壁灯
8. 会客厅台灯

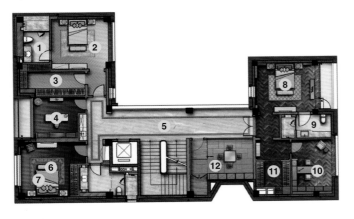

二层分区照度图

1. 次卫 150lx 左右
2. 次卧 250lx 左右
3. 次卧更衣室 100lx 左右
4. 次卧书房 300lx 左右
5. 过道 100lx 左右
6. 客卧 250lx 左右
7. 客卫 150lx 左右
8. 儿童卧室 250lx 左右
9. 儿童卫浴 150lx 左右
10. 儿子书房 150lx 左右
11. 更衣室 100lx 左右
12. 和室 200lx 左右

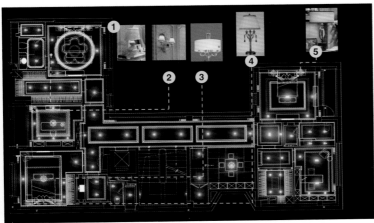

二层灯光点位图

1. 次卧台灯
2. 次卧壁灯
3. 客卧花灯
4. 客卧台灯
5. 儿童卧室台灯

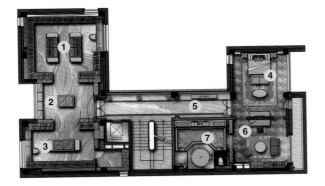

三层分区照度图

1. 女主衣帽间 150lx 左右
2. 衣帽间过渡 200lx 左右
3. 男主衣帽间 150lx 左右
4. 主卧 250lx 左右
5. 过道 100lx 左右
6. 主卧书房 300lx 左右
7. 主卫 300lx 左右

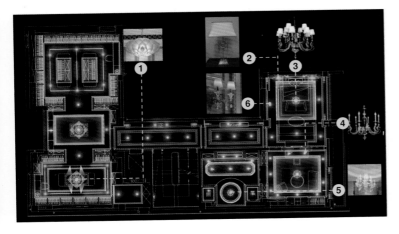

三层灯光点位图

1. 男更衣室花灯
2. 主卧台灯
3. 主卧吊灯
4. 主卧书房花灯
5. 主卫花灯
6. 主卧壁灯

四层分区照度图

1. 起居室 250lx
2. 水吧 150lx
3. 雪茄吧 200lx
4. 过道 100lx
5. 书房 200lx

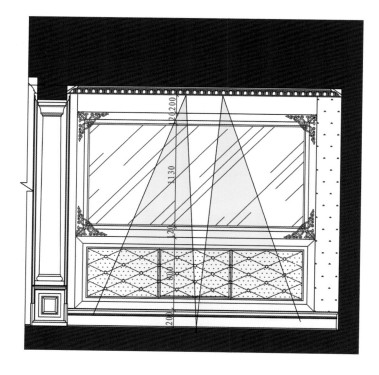

四层灯光点位图

1. 起居室花灯
2. 起居室台灯
3. 书房台灯
4. 水吧落地灯
5. 雪茄吧台灯
6. 雪茄吧花灯
7. 水吧花灯
8. 书房花灯

分区照明解析

玄关

玄关是进门的第一个空间，也给予人们对于整个居家空间的第一印象。人们一进门就能通过玄关的设计与布置感受到主人的生活品位与审美情趣。除了家具摆设外，照明在玄关美化上也很重要。首先考虑到别墅玄关空间较大，照明设计师在玄关中部天花板安装有一个下照式装饰吊灯，提升整体装饰效果并提供基础照明，在玄关两侧设置有嵌入式天花板射灯，提供玄关的重点照明，3000K的灯具色温，营造一种热烈、亲切的入门氛围。同时照明采用感应式智能灯光去控制玄关一路射灯，去体现照明的灵活性和实用性。

玄关灯光立面图

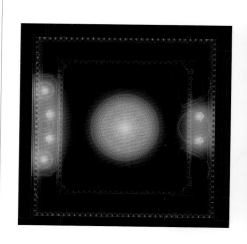

玄关灯光夜底图

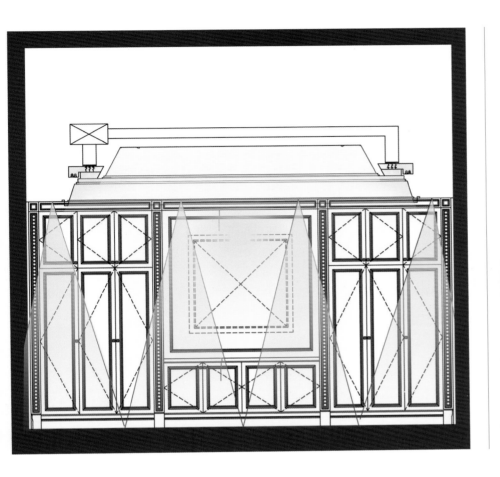

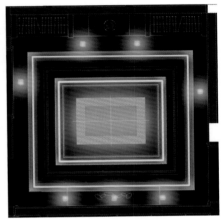

前厅

前厅是连接停车库与室内空间的纽带，其重要作用与玄关齐肩，也是展示整个家居环境的一张名片。双层天花灯带的设置拉高整体空间高度的同时，塑造空间层次感，流线型装饰水晶吊灯，高端大气；周围又以嵌入式射灯提供局部重点照明，整体空间明亮大气，层次鲜明。

前厅灯光立面图　　　　　　　　　　　　　　　　前厅天花夜底图

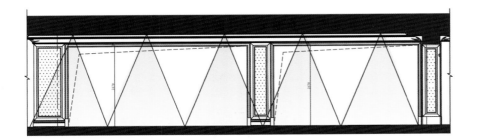

过道灯光立面图

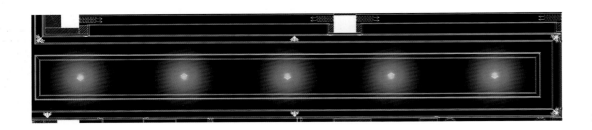

过道天花夜底图

过道

过道作为其他空间之间的过渡与衔接，没有太多其他的作用与活动，人不会长久地停留，只是短暂地经过。所以照明设计师选用嵌入式的具有指向性照明方式的射灯，作为基础照明光源，提供低照度值的、简单且满足基本功能的照明，同时起到引导性作用。

客厅灯光立面图

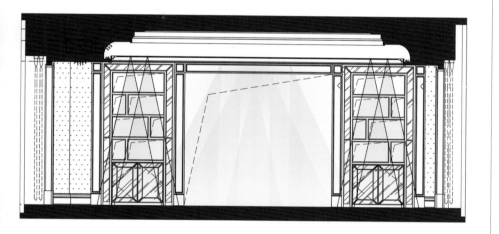

餐厅灯光立面图

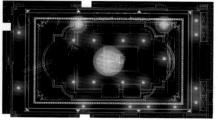

餐厅天花夜底图

客厅

客厅是住宅空间中开放的社交性空间，是别墅空间使用最为广泛的区域。客厅的设计直接反映主人的品位与生活态度。此案中，客厅整体风格奢华大气，照明设计师在客厅中央，选用奢华水晶吊灯来呼应装饰效果，同时也提供基础照明，四周又安排了窄角度的嵌入式天花板射灯，提供基础照明，突出效果；使得整个空间看起来敞亮、通透。同时搭配装饰壁灯塑造良好的立面照明，使得整个客厅给人一种宽敞明亮、高端大气的感觉。

客厅运用智能化控制系统去控制灯光，来满足休闲、聚会、清扫等多种场景需求。

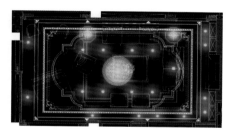

客厅天花夜底图

餐厅

餐厅作为日常就餐的地方，也是感情交流的重要场所之一，因此餐厅的照明既要实用、美观，同时又要求明亮、清新、给人整洁的感觉；在照明设计上，选用色温3000K的照明灯具，餐桌上方采用装饰花灯为主照明，花灯周围用射灯强化重点，而在墙面的装饰画上采用射灯为装饰照明，反射光可为周边提供基础照明。调试餐桌上的照度值在300lx左右，并且所有的灯具均具有高显指，以此重点照明与装饰照明相结合的手法营造了一个舒适温馨的就餐环境。餐厅采用智能灯光控制去满足聚会、就餐、清扫多种场景下的灯光需求。

卧室

卧室是私密的休憩空间，承载着主人不加修饰的真实感情。所以在照明设计上，秉承光线柔和、无眩光、可控性的原则，卧室主灯选用色温3000K的、光线柔和的水晶装饰灯，提供基础装饰照明的同时也不会产生眩光，床头灯选用深嵌式射灯，避免眩光，沙发区也应用嵌入式射灯提供照明，天花板设置有天花板灯带，拉高空间高度，温暖舒适。力求营造一个舒缓、平和的休息环境。

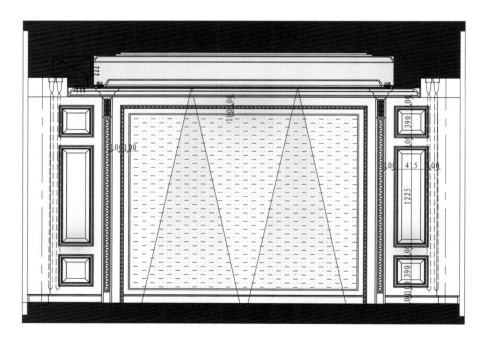

卧室灯光立面图

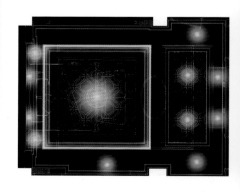

卧室天花夜底图

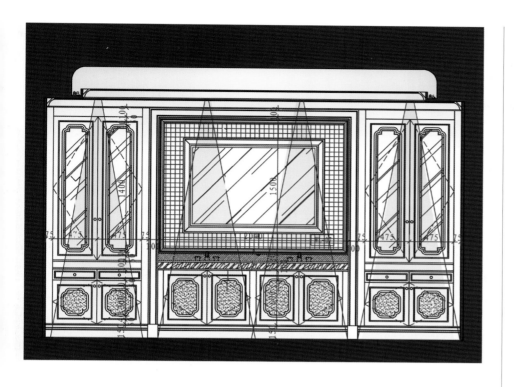

卫浴灯光立面图

卫浴

干净整洁是所有卫浴空间设计的最基本的原则，因此进行照明设计时应谨遵此原则。以主卫为例，在光源的选择上，选用嵌入式的防雾射灯提供重点照明，采用色温是3000K的光源。照明设计师在洗手池墙上安装壁灯，天花上空装有装饰吊灯，造成强烈的灯光效果，天花灯带拉高空间整体高度，塑造空间层次感。整体照度控制在300lx左右，使得卫生间的每一个关键部位都能享受到光的眷顾。

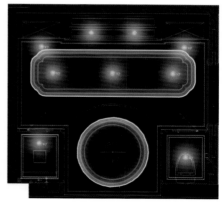

卫浴天花夜底图

游泳池

一个合格的游泳池不仅要满足于游泳，同时也应该具备营造温馨舒心的氛围，视觉上更应该赏心悦目。此游泳池的设计，大胆地采用发光天棚进行照明，配以局部少量的重点照明，按照设计结构，在天窗周围采用了媒体照明，并根据季节环境的变化，编写控制系统程序以实现不同的季节场景、颜色、图案及色温变化，同时呼应天窗区域，实现真假天窗融为一体，营造一种身临其境的感觉，让人融入自然，感受放松、舒适的体验。

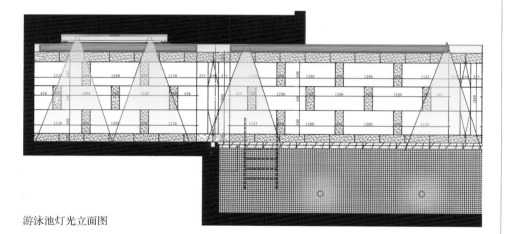

游泳池灯光立面图

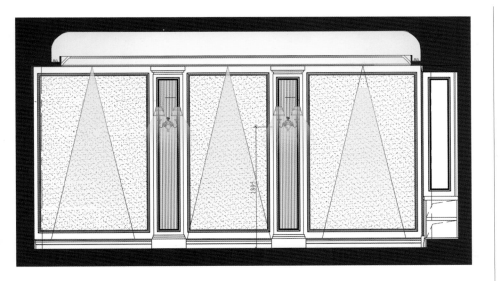

影视厅灯光立面图

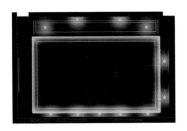

影视厅天花夜底图

影视厅

家庭影院是业主享受生活、放松身心的生活场所。一款个性十足又不失时尚大气的别墅影音室能够让人更好地感受酣畅淋漓的视觉盛宴。灯光对于影音室来讲非常重要，为了塑造良好的观影效果，照明设计师在天花顶部设置了光纤星空，烘托气氛；星空周围设置了一个矩形的由T5支架灯组成的发光支架，在提供基础的照明，周边又安装有嵌入式射灯增加照明效果，立面安装有装饰壁灯，提供照明的同时，起到调节气氛的作用，配合灯光控制系统，调节灯具亮度，塑造不同的观影氛围。为整个房间提供均匀的光线，同时调整基调，把功能和气氛照明融合起来。

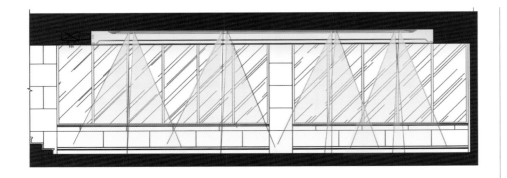

休闲吧灯光立面图

休闲吧天花夜底图

休闲吧

休闲吧是家人休闲放松、娱乐的场所。一个良好的照明环境可以营造气氛，烘托环境。前期设计时，该区域定位是一个健身房加酒吧区，后期方案有所调整，改为休闲吧区。嵌入式格栅射灯提供基础照明，天花 T5 支架拉高顶部视觉，塑造空间层次感。使用色温 3000K 窄角度的光源，使得空间更具艺术气息，更加温暖舒适，让人放松身心。

起居室

起居室是供业主、娱乐、团聚等活动的空间。起居室色调宜中性温暖，所以选用 3000K 的暖色温灯具，整体采用嵌入式射灯提供基础照明，双层天花灯带拉高空间高度，再配合落地灯具的使用，塑造空间层次感，营造出温柔舒适的家居感。

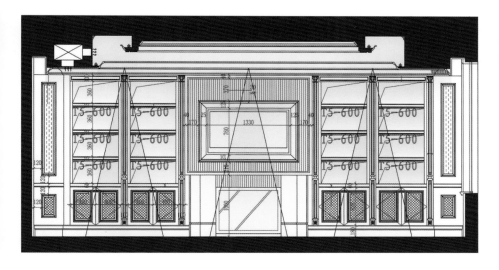

起居室灯光立面图

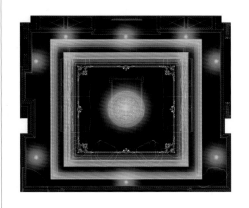

起居室天花夜底图

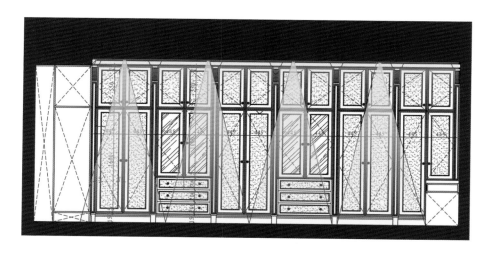

更衣室灯光立面图

更衣室

更衣室是主人收纳个人衣物以及梳妆打扮的私人场所，在设计风格上，拥有亮丽的造型，巧妙实用的空间，灯光问题是更衣室装修设计的重点，我们在更衣室内设置轨道灯以提供基础照明需要，同时在衣柜里面更是增设了 LED 灯带提供照明，让衣柜里的衣服呈现精品质感。这样不仅可以帮助主人更快地翻找衣物，避免安全隐患，还能烘托环境氛围，并且灯具方面，我们使用 3000K 的温暖的灯光，营造出一种温暖宁静的气氛。此区域我们调整了之前的灯具布置方案，因为我们认为明亮的试衣环境和区域的重点照明才能给客户最舒适的灯光环境。我们采用灯具系统模式，天花灯具系统方案可以更加灵活地增加灯具或减少灯具，从而更好地实现明亮的环境中也不缺失重点照明的凸显。

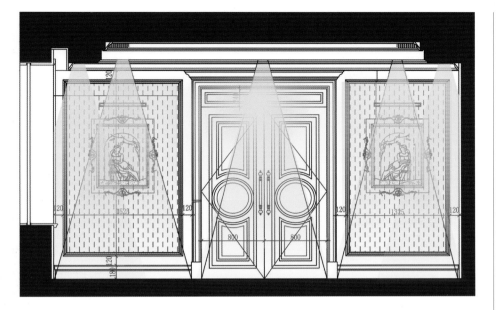

书房灯光立面图

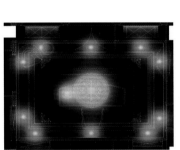

书房天花夜底图

书房

书房是工作、学习的重要空间，也是仅次于卧室的私密空间，因此照明设计要遵循明亮柔和、高度稳定的原则，书桌上方安装有装饰吊灯起到基础照明和装饰的作用，四周安装有嵌入式射灯，提供基础照明的，并且所有书柜内都安装有照明灯带，书房的整体照度在350K左右，满足了读书学习的基本要求，同时为了保护人们的视力，所用灯具的显色性Ra>90。

对于别墅来讲，灯光要求具有艺术性和美感，从而彰显主人的身份，色温用暖色可以营造一种低调奢华的效果，照明设计合理地利用灯光，突出空间的氛围，打造了轻松怡人的舒适环境。

灯具参数

品牌	灯具编号	类型	功率 /W	光束角	色温 /K	显色指数	显色指数
IGUZZINI P375	D1	嵌入式筒灯	10	42°	3000	97	IP20
IGUZZINI P383	D2	嵌入式可调角度灯	7.3	40°	3000	97	IP20
IGUZZINI P382	D3	嵌入式可调角度灯	7.3	25°	3000	97	IP20
IGUZZINI N334	D4	嵌入式条形洗墙灯	31	洗墙配光	3000	97	IP20
IGUZZINI P375	D5	嵌入式筒灯	10	42°	3000	97	IP20
IGUZZINI MQ93	D6	嵌入式条形灯	31	32°	3000	97	IP20
i-LED I ris67_1	CN01	底部安装射树灯	13	8～10°	3000	97	IP20
IGUZZINI BD71	MD01	地面嵌入安装埋地灯	0.4	120°	3000	90	IP68
IGUZZINI ME33	L01	LED 灯带	9.6	120°	3000	97	IP20

新加坡私宅

A Private Residence in Singapore

项目地点
新加坡

设计单位
谱迪设计顾问（深圳）有限公司

主设计师
林湧金、林亮光

设计师
黄浙梁

设计背景

随着照明设计的普及，对照明有需求的用户从最初的剧场、美术馆等公共建筑到酒店、写字楼及商业综合体，越来越多的私人业主，这说明了设计对生活的改变。在这里，介绍分享小型私宅照明设计案例的空间。

私宅相对其他类别的项目，需求和要点更为明确直接，对品质的把控与细节也更为严格。

住宅照明设计，舒适、柔和、低对比、

杜绝眩光是前提，营造光环境的氛围是生活空间的格调，对灯具的数量，以少为妙，对环境光尽可能采用间接的形式，每一个灯的运用都需要反复拿捏，对节点的安装也极为考究。

儿童房则是未使用筒射灯，只有间接照明和功能性的台灯吊灯。主卧使用了一盏可调角射灯，空间照明更多来源于灯带及洗墙灯的反射，关于床头阅读灯，没有采用酒店客房一贯的手法。对于功能齐备的居住空间来说，这是不舒适的，选用原始直接的全手

动灯具，一切都更直观、贴心。

禅室可以说是全屋光对比最高的地方，虽然最亮的重点照明只有100lx左右，但暗的地方直接暗下去了，所以高对比度下同时也非常柔和安静。

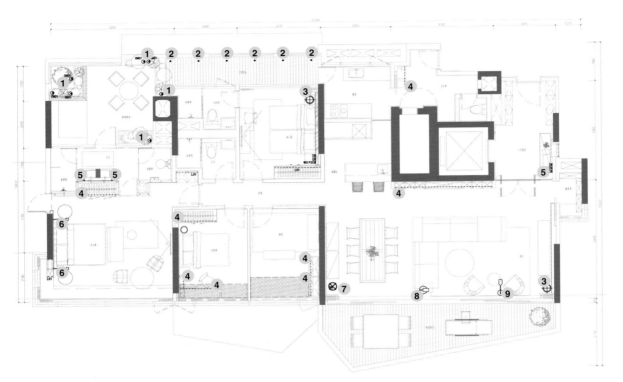

平面灯具布置图

1. CN01 照树灯
2. MD01 地埋灯
3. T01 台灯
4. L01 LED 灯带
5. W01 壁灯
6. R01 阅读灯
7. F01 落地灯
8. F03 落地灯
9. F02 落地灯

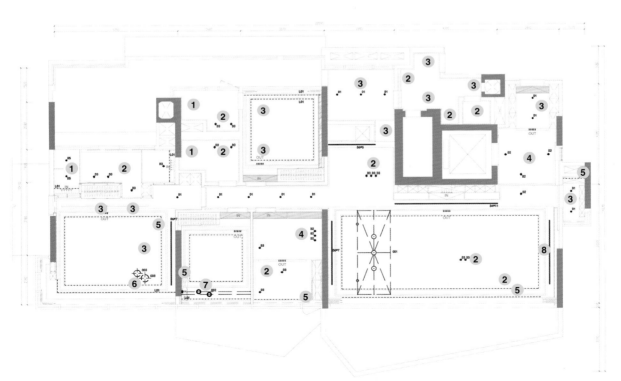

天花灯具布置图

1. D5 防雾筒灯
2. D3 可调角度灯
3. D1 筒灯
4. D2 可调角度灯
5. L01LED 灯带
6. C03 吊灯
7. C02 吊灯
8. D6×7 条形灯

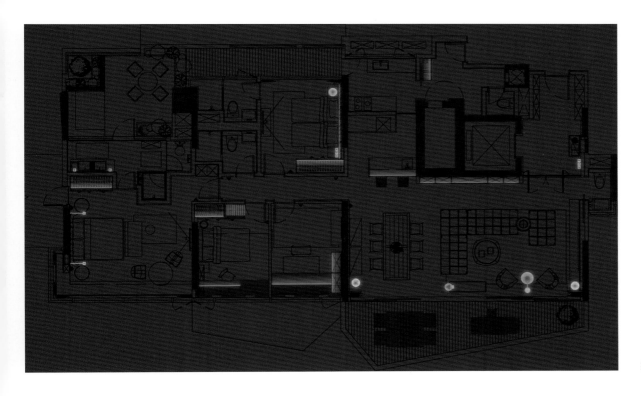

家具平面灯具示意图

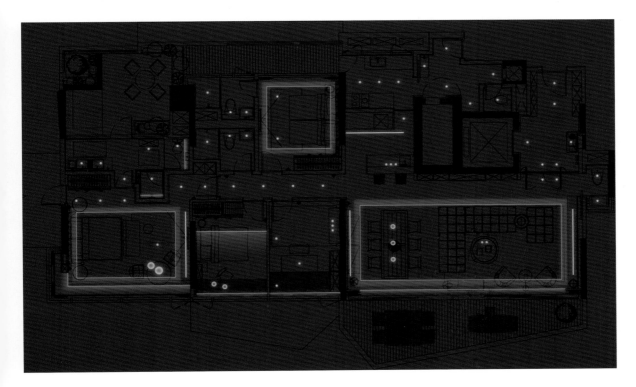

天花平面灯具示意图

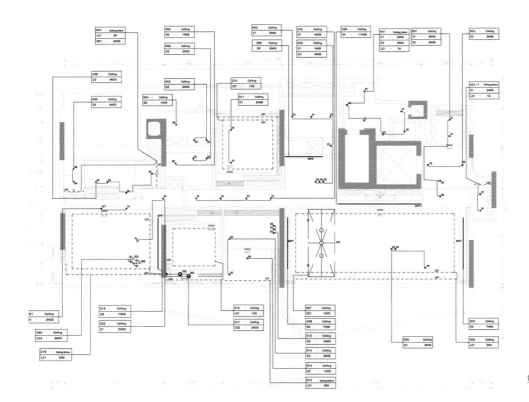

负一层灯光点位图

分区照明解析

玄关场景对比

最明亮的场景下，平均照度达到了300lx，可以满足会客起居的需求。项目面积200m²，客餐厅为一个整体空间，还有水吧的延伸，一共60m²。阳台全覆盖了客厅及餐厅南面，10m宽的全幅玻璃门通过阳台，让客餐厅直面大海，连成海天一线。傍晚时分，在晚霞和灯光的辉映下，如同把沙发、餐桌搬到了云霞之下。

客厅场景对比

在用光上想把这美景延续的最好手段是把光像奶油般晕开，让其更为自然。60m²的空间，高3.5～4m，仅用了6盏10W的小射灯是不够的，间接照明就成了关键，节点的安装也需极为精确，地面的照明系统的人性化也变得极为重要。